高职高专艺术设计类专业规划教材

Photoshop
SHIYONG JIAOCHENG

Photoshop 实用教程

主 编 余 辉 熊 伟

重庆大学出版社

图书在版编目（CIP）数据

Photoshop实用教程 / 余辉，熊伟主编. — 重庆：重庆大学出版社，2017.6

高职高专艺术设计类专业规划教材

ISBN 978-7-5624-9955-8

Ⅰ.①P… Ⅱ.①余…②熊… Ⅲ.①图象处理软件—高等职业教育—教材 Ⅳ.①TP391.41

中国版本图书馆CIP数据核字（2017）第012267号

高职高专艺术设计类专业规划教材

Photoshop 实用教程

Photoshop SHIYONG JIAOCHENG

主　编：余　辉　　熊　伟

策划编辑：蹇　佳　　席远航　　张菱芷

责任编辑：文　鹏　　何　敏　　版式设计：原豆设计（王敏）

责任校对：刘雯娜　　　　　　　责任印制：赵　晟

重庆大学出版社出版发行

出版人：易树平

社址：重庆市沙坪坝区大学城西路21号

邮编：401331

电话：（023）88617190　88617185（中小学）

传真：（023）88617186　88617166

网址：http：//www.cqup.com.cn

邮箱：fxk@cqup.com.cn（营销中心）

全国新华书店经销

重庆高迪彩色印刷有限公司印刷

开本：787mm×1092mm　1/16　印张：7.75　字数：244千

2017年6月第1版　　2017年6月第1次印刷

ISBN　978-7-5624-9955-8　定价：48.00元

序

我国人口13亿之巨，如何提高人口素质，把巨大的人口压力转变成人力资源的优势，是建设资源节约型、环境友好型社会，实现经济发展方式转变的关键。高职教育承担着为各行各业培养输送与行业岗位相适应的，高技能人才的重任。大力发展职业教育有利于改善经济结构，有利于经济增长方式的转变，是实施“科教兴国，人才强国”战略的有效手段，是推进新型工业化进程的客观需要，是我国在经济全球化条件下日益激烈的综合国力竞争中得以制胜的必要保障。

高等职业教育艺术设计教育的教学模式满足了工业化时代的人才需求；专业的设置、衍生及细分是应对信息时代的改革措施。然而，在中国经济飞速发展的过程中，中国的艺术设计教育却一直在被动地跟进。未来的学习，将更加个性化、自主化，因为吸收知识的渠道遍布在每个角落；未来的学校，将更加注重引导和服务，因为学生真正需要的是目标的树立与素质的提升。在探索过程中，如何提出一套具有前瞻性、系统性、创新性、具体性的课程改革方法将成为值得研究的话题。

进入21世纪的第二个十年，基于云技术和物联网的大数据时代已经深刻而鲜活地展现在我们面前。当前的艺术设计教育体系将被重新建构，同时也被赋予新的生机。本套教材集合了一大批具有丰富市场实践经验的高校艺术设计教师作为编写团队。在充分研究设计发展历史和设计教育、设计产业、市场趋势的基础上，不断梳理、研讨、明确了当下高职教育和艺术设计教育的本质与使命。

曾几何时，我们在千头万绪的高职教育实践活动中寻觅，在浩如烟海的教育文献中求索，矢志找到破解高职毕业设计教学难题的钥匙。功夫不负有心人，我们的视界最终聚合在三个问题上：一是高职教育的现代化。高职教育从自身的特点出发，需要在教育观念、教育体制、教育内容、教育方法、教育评价等方面不断进行改革和创新，才能与中国社会现代化同步发展；二是创意产业的发展和高职艺术教育的创新。创意产业作为文化、科技和经济深度融合的产物，凭借其独特的产业价值取向、广泛的覆盖领域和快速的成长方式，被公认为21世纪全球最有前途的产业之一。从创意产业发展的视野，谋划高职艺术设计和传媒类专业教育改革和发展，才能实现跨越式的发展；三是对高等职业教育本质的审思，即从“高等”“职业”“教育”三个关键词，高等职业教育必须为学生的职业岗位能力和终身发展奠基，必须促进学生职业能力的养成。

在这个以科技进步、人才为支撑的竞争激烈的新时代，实现孜孜以求的综合国力强盛不衰、中华民族的伟大复兴，科教兴国，人才强国，赋予了职业教育任重而道远的神圣使命。艺术设计类专业在用镜头和画面、用线条和色彩、用刻刀与笔触、用创意和灵感，点燃了创作的火花，在创新与传承中诠释着职业教育的魅力。

重庆工商职业学院传媒艺术学院副院长
教育部高职艺术设计教学指导委员会委员
徐　江

前 言

随着“互联网+”数字传媒时代的到来，计算机技术已经很广泛地应用到艺术设计制作中。计算机图像处理艺术可以在不可能定义的框架下考察自然，利用图形和图像的语言来表达抽象的、难以用语言描述的信息，创造出真实世界中不存在但却值得欣赏的概念空间。计算机图像处理艺术在艺术设计领域显得尤为重要。但同时忠告所有读者：计算机只是工具，必须要强调思维，在思维的基础上运用工具表现。

在本书编写过程中，我将教学工作中的感受、经验及体会全部融入到本书中。本书侧重于引导与实践，以“图像处理”为一个点，以它的实践作用为线，以设计职业能力为目标形成一条以点带面的思路。既有技法，也有技法的实践用途；既有单个软件的运用，也有软件间的穿插互用；既有理论基础，又有数字输出等实践运用；既有一般使用技法，也有经验传授，希望对读者能有所帮助。

《Photoshop图像处理》是高校艺术设计类专业的核心专业课程，也是艺术设计工作者适应数字传媒时代必须具备的一项技能。本书以Photoshop软件在实践工作岗位中的工作任务应用类别进行项目任务设计，通过任务开展，不仅掌握软件的运用技能，还传授实践操作经验；既有单个软件的运用，也有软件间的穿插互用；既有理论基础，又有数字输出等实践运用，具有很强的实践性和经验指导性。

本书在于横向的贯通、纵向的应用与操作经验，侧重于引导与实践。

全书分为四大块：一是认识Photoshop，指点读者如何成为一名图像设计师；二是Photoshop常用技能点运用，引导读者如何进行图像处理；三是Photoshop使用经验，指引读者胜任图像处理师；四是Photoshop实践项目运用，指导读者如何成为优秀的图像处理师。运用图像合成、照片翻新、磨皮、平面广告绘制、动漫插画、效果图后期处理等实践案例讲述图像处理软件在艺术设计领域的运用技巧，由浅入深，由简单到复杂，非常适合教学。

本书编写凝聚了编者许多心血，也凝聚了书中参考书和网站文章作者的心血。本书用作教学，目的是将好的资源进行整合、利用，如有不妥，还请谅解。感谢书中作品的作者，感谢书中参考书和网络文章的作者。感谢重庆大学出版社为本书提供的帮助。

余 辉　　熊 伟

2016年 7 月

目 录

任务一

认识Photoshop

教学目的和要求

（1）了解Photoshop软件应用领域、特点；掌握Photoshop软件应用中的像素、图层、色彩模式、文件格式等知识。

（2）熟悉Photoshop界面与浮动面板以及它们的显示与隐藏。

（3）掌握Photoshop工具箱与菜单中的各工具与命令的用途与基础运用。

（4）掌握滤镜、蒙版、通道、路径运用的基本原理与方法。

教学重点

（1）Photoshop软件应用中的像素、图层、色彩模式、文件格式等在实践应用中的设置。

（2）滤镜、蒙版、通道、路径运用的基本原理与方法。

教学难点

滤镜、蒙版、通道、路径的运用方法。

P1~53

1.1 Photoshop 的功能

1.1.1 软件应用范围

Photoshop简称“PS”，是Adobe公司旗下最为出名的图像处理软件之一，它具有强大的绘图、校正图片及图像创作功能。Photoshop应用领域非常广泛，在图像、图形、文字、视频、出版各方面都有涉及。下面简单介绍Photoshop的应用方向。

（1）平面设计：这是Photoshop应用最为广泛的领域，无论是我们正在阅读的图书封面，还是大街上看到的招贴、海报，这些具有丰富图像的平面印刷品，基本上都需要Photoshop软件对图像进行处理。

（2）修复照片：Photoshop具有强大的图像修饰功能。利用这些功能，可以快速修复一张破损的老照片，也可以修复人脸上的斑点等缺陷。

（3）广告摄影：作为一种对视觉要求非常严格的工作，其最终成品往往要经过Photoshop的修改才能得到满意的效果。

（4）影像创意：这是Photoshop的特长，通过Photoshop的处理可以将原本风马牛不相及的对象组合在一起，也可以使用“狸猫换太子”的手段使图像发生巨大变化。

（5）艺术文字：当文字遇到Photoshop处理，就已注定不再普通。利用Photoshop可以使文字发生各种各样的变化，并利用这些艺术化处理后的文字为图像增加效果。

（6）网页制作：网络的普及是促使更多人需要掌握Photoshop的一个重要原因。因为在制作网页时Photoshop是必不可少的网页图像处理软件。

（7）建筑效果图后期修饰：在制作建筑效果图包括许多三维场景时，人物与配景，包括场景的颜色常常需要在Photoshop中增加并调整。

（8）绘画：由于Photoshop具有良好的绘画与调色功能，许多插画设计制作者往往使用铅笔绘制草稿，然后用Photoshop填色的方法来绘制插画。

（9）绘制或处理三维贴图：在三维软件中，如果能够制作出精良的模型，而无法为模型应用逼真的贴图，也无法得到较好的渲染效果。实际上在制作材质时，除了要依靠软件本身具有的材质功能外，还可利用Photoshop制作在三维软件中无法得到的合适的材质。

（10）婚纱照片设计：当前越来越多的婚纱影楼开始使用数码相机，这使得婚纱照片设计的处理成为一个新兴的行业。

（11）视觉创意：视觉创意与设计是设计艺术的一个分支，此类设计通常没有非常明显的商业目的，但由于为广大设计爱好者提供了广阔的设计空间，因此越来越多的设计爱好者开始学习Photoshop，并进行具有个人特色与风格的视觉创意。

（12）图标制作：虽然使用Photoshop制作图标在感觉上有些大材小用，但使用此软件制作的图标的确非常精美。

（13）界面设计：这是一个新兴的领域，已受到越来越多的软件企业及开发者的重视，虽然暂时还未成为一种全新的职业，但相信不久一定会出现专业的界面设计师职业。在当前还没有用于界面设计的专业软件，因此绝大多数设计者使用的都是Photoshop。

但Photoshop实际上其应用不止上述这些。例如，目前的影视后期制作及二维动画制作，Photoshop也有所应用。

1.1.2 传统功能

从功能上看，Photoshop可分为图像编辑、图像合成、校色调色及特效制作。

（1）图像编辑：这是图像处理的基础，可以对图像做各种变换如放大、缩小、旋转、倾斜、镜像、透视等。也可进行复制、去除斑点、修补、修饰图像的残损等。这在婚纱摄影、人像处理制作中有非常大的用场，去除人像上不满意的部分，进行美化加工，得到让人满意的效果。

（2）图像合成：这是将几幅图像通过图层操作、工具应用合成完整的、传达明确意义的图像，这是美术设计的必经之路。Photoshop提供的绘图工具让外来图像与创意很好地融合，使图像的合成尽可能天衣无缝。

（3）校色调色：这是Photoshop中深具威力的功能之一，可方便、快捷地对图像的颜色进行明暗、色偏的调整和校正，也可在不同颜色间进行切换以满足图像在不同领域如网页设计、印刷、多媒体等方面应用。

（4）特效制作：在Photoshop中主要由滤镜、通道及工具综合应用完成。包括图像的特效创意和特效字的制作，如油画、浮雕、石膏画、素描等常用的传统美术技巧都可借由Photoshop特效完成。而各种特效字的制作更是很多美术设计师热衷于PS的原因。

1.1.3 Photoshop CS6新增或强化的功能

Photoshop CS6为摄影师、艺术家，以及一些高端的设计用户带来了一系列全新的高级功能。

（1）自动镜头更正：Adobe从机身和镜头的构造上着手实现了镜头的自动更正，主要包括减轻枕形失真（pincushion distortion），修饰曝光不足的黑色部分以及修复色彩失焦（chromatic aberration）。当然这一调节也支持手动操作，用户可以根据自己的不同情况进行修复设置，并且可以从中找到最佳配置方案。其实就是记录了照相机照相时的很多有效的数据色彩信息，然后通过软件还原照相时的场景并给予补偿和修复。

（2）支持HDR调节：之前Photoshop在HDR（High Dynamic Range，即高动态范围）的帮助下，可以使用超出普通范围的颜色值，因而能渲染出更加真实的3D场景。而现在我们可以切身调节HDR，这次PS挑战的工具是HDR的Photomatix，Adobe认为PS远超于Photomatix。Adobe在CS4以后开始加强3D功能，之前PS仅仅强在平面设计上，现在3D功能也同样强大。

（3）区域删除：这个功能是自动实现的，用户仅仅需要按照规则填充区域即可自然清除区域中物体。

（4）先进的选择工具：选择工具全新优化细致到毛发级别。CS6取消了抽出滤镜，可见Adobe对新功能推行的信心和决心。取而代之的是利用快速选择之后的调整边缘工具。抠图效果相当强大。

（5）Puppet Wark（操控变形）：在一张图上建立网格，然后用“大头针”固定特定的位置后，其他的点就可以通过简单的拖拉移动完成。利用大头针建立关节，可以在不改变图像的光影和文理的情况下自由操控画面。

（6）64位Mac OS X支持：在CS4中PS就已经在Windows上实现了64位，现在平行移入了Mac平台，从此Mac用户将可以使用4G的内存处理更大的图片了。

（7）全新笔刷系统：本次升级的笔刷系统将以画笔和染料的物理特性为依托，新增多个参数，实现较为强烈的真实感，包括墨水流量、笔刷形状以及混合效果。借助openGL硬件加速，可以模拟出毛笔、钢笔等的物理特性，比如毛笔的下笔力度，横刷或者立写。

（8）处理高管相机中的RAW文件：本次的优化主要是基于Lightroom 3，在无损的条件下图片的降噪和锐化处理效果更加优化。RAW文件是Adobe推行的一种摄像源文件，无压缩，数据量大。PS一直在推行这个格式的文件。所以在优化上下足了料。

（9）增加了3D功能和视频流、动画、深度图像分析等。可以将3D内容纳入2D作品中，包括在3D模式下编辑文本。Enhanced Vanishing Point使设计人员可以进行远景测量，并从Enhanced Vanishing Point输出一个3D模型。借助全新的光线描摹渲染引擎，现在可以直接在3D模型上绘图、用2D图像绕排3D形状、将渐变图转换为3D对象、为图层和文本添加深度、实现打印质量的输出并导出到支持的常见3D格式。

（10）调整面板：新增调整面板使图像调整与修改更便捷，通过调整面板的添加，在“图层”面板中自动生成一个调整图层，便于对图像的修改，相对于调整命令具有明显的优越性与方便性。

（11）蒙版面板：图层蒙版面板可以对蒙版图像进行浓度与羽化设置、快速创建和编辑蒙版。该面板提供用户需要的所有工具，它们可用于创建基于像素和矢量的可编辑蒙版、调整蒙版密度和羽化、轻松选择非相邻对象等，轻松完成对蒙版图像的编辑。

（12）旋转视图工具：新增旋转视图工具，可以对图像进行随意旋转，打破了以往软件的局限，可以根据需要对图像进行旋转调整，便于编辑。在使用旋转视图工具之前，需要在“首选项”对话框中勾选“启用OpenGL绘图（D）”复选框，单击“确定”按钮，重启Photoshop CS6软件便可以使用旋转视图工具，对图像进行旋转。

（13）内容识别比例：Photoshop CS6新增功能“内容识别比例”命令，主要针对照片的后期调整，实现了照片无损失的剪裁操作，能够有效保存照片中的重要信息，进行图像调整。

（14）自动对齐图层：利用新增的自动对齐图层命令，可以将打乱的图层根据颜色的相似度进行自动对齐，还原图像整体效果。

（15）保留色调：相对以往的软件，减淡、加深和海绵工具，现在可以智能保留颜色和色调详细信息，使图像在加深或减淡的同时，保留图像远色调效果。

（16）新增强大的打印选项：借助出众的色彩管理、与先进打印机型号的紧密集成，以及预览溢色图像区域的能力实现卓越的打印效果。Mac OS上的16位打印支持提高了颜色深度和清晰度。

1.2 Photoshop CS6界面介绍

1.2.1 界面构成

界面构成如图1-1所示。

图1-1

（1）菜单栏：Photoshop菜单栏包括文件、编辑、图像等10个菜单，通过其中的菜单命令几乎可以完成所有Photoshop的操作和设置。选择菜单命令时，只需单击某个菜单项，在弹出的下拉菜单中选择要执行的命令即可。如果某些命令呈暗灰色，说明该命令此时不可用，需满足一定条件后才能使用。

（2）属性栏：位于菜单栏下面，当用户选择工具箱中的任意一个工具后，都将在工具属性栏中显示该工具的相关信息和参数设置。在工具属性栏中可以对该工具的各个参数进行设置，从而产生不同的图像效果。

（3）工具箱：包含了Photoshop中所有的创建与修改操作工具，如果工具图标右下角带有三角形图标，表示该工具是一个工具组，其中包含多个工具，在该工具上单击并按住鼠标左键不放将弹出该组中的所有工具列表。

工具箱默认为单排显示，这种显示方式可以为文档窗口让出更多的空间。如果单击工具箱顶部的双箭头▶▶，可以将单排工具箱切换为双排显示。如果单击工具箱顶部的双箭头◀◀，可以将双排工具箱切换为单排显示。默认情况下，工具箱停放在窗口左侧。将光标放在工具箱顶部双箭头▶▶或◀◀右侧，单击并向右侧拖动鼠标，可以将工具箱拖出来，放到窗口的任意位置。

（4）工作区：是对图像进行浏览和编辑操作的主要场所。

（5）标题栏：位于图像窗口的顶部，主要显示当前图像文件的文件名、缩放比例，括号内显示当前所选图层名、色彩模式、通道位数。

（6）控制面板：又叫浮动面板，是在Photoshop中进行选择颜色、编辑图层、新建通道、编辑路径和撤销编辑等操作的主要功能面板，也是工作界面中非常重要的一个组成部分。可以通过快捷键【F5】、【F6】、【F7】、【F8】、【F9】等来显示或隐藏。

1.2.2 Photoshop 常用术语

（1）图层：就是将多个含有部分文字或图形等元素的透明单层，按顺序一层一层叠放在一起，组合起来构成一幅完整的图像。其目的是精确找到某文字或图形所在地（图层），进而修改编辑时不影响其他图层元素。

普通图层是创建各种合成效果的主要途径，可以在不同的图层上进行独立的操作而对其他图层没有任何影响。图层可以设置样式、填充不透明度、混合颜色带以及其他高级混合选项。

（2）亮度（Brightness）：也叫明度，是指颜色的明暗程度，各种有色物体由于它们的反射光量的区别而产生颜色的明暗强弱。黑色与白色是亮度中的极点，在所有颜色中白色含量越多亮度越高，相反，黑色越多亮度越低，不同的颜色本身也存在亮度的差异。

（3）色相（Hue）：每种颜色固有的颜色相貌叫作色相，这是区分颜色最常用的方法，任何黑白灰以外的颜色都有色相的属性。

（4）饱和度（Saturation）：指色彩的纯净程度，它表示颜色中所含有色成分的比例。含有色成分的比例越大，则色彩的纯度越高，含有色成分的比例越小，则色彩的纯度也越低。

（5）对比度（Contrast）：指的是一幅图像中明暗区域最亮的白和最暗的黑之间不同亮度层级的测量，差异范围越大代表对比越大，差异范围越小代表对比越小。对比度对视觉效果的影响非常关键，一般来说对比度越大，图像越清晰醒目，色彩也越鲜明艳丽；而对比度小，则会使整个画面都灰蒙蒙的。高对比度对于图像的清晰度、细节表现、灰度层次表现都有很大帮助。

（6）色彩模式：常用的色彩模式有：RGB、CMYK、HSB、Lab、灰度模式、索引模式、位图模式、双色调模式、多通道模式等，其含义分别如下。

RGB：一种加色模式，由红、绿、蓝3种色光相叠加形成，红、绿、蓝3种颜色均有256个亮度级，所以3种色彩的叠加就形成了1 670万种颜色。在Photoshop中编辑图像时最好选择RGB模式，它可以提供全屏幕多达24位的色彩范围，即通常所说的真彩色。

CMYK：彩色印刷时使用的一种颜色模式，由Cyan（青）、Magenta（洋红）、Yellow（黄）和Black（黑）4种色彩组成。在色片（菲林胶片）或在平面美术中，经常用到CMYK模式。

HSB：以人类对颜色的感觉为基础，描述了颜色的3种基本特性。其中H表示Hue（色相），S表示Saturation（饱和度），B表示Brightness（亮度）。

Lab：由RGB 3基色转换而来，是RGB模式转换为HSB模式和CMYK模式的桥梁，同时也弥补了RGB和CMYK两种色彩模式的不足，该颜色模式由一个发光串（Luminance）和两个颜色（a，b）轴组成。它由颜色轴所构成的平面上的环形线来表示颜色的变化，其中径向表示颜色饱和度的变化，自内向外，饱和度逐渐增高；圆周方向表示色调的变化，每个圆周形成一个色环；而不同的发光率表示不同的亮度并对应不同环形颜色变化线。它是一种具有“独立于设备”的颜色模式，不论在任何显示器或者打印机上使用，Lab的颜色均不会改变。

灰度：该模式中只存在灰度，最多可达256级灰度。当一个彩色文件被转换为灰度模式时，Photoshop会自动将图像中的色相及饱和度等有关色彩的所有信息删除，只留下亮度。

索引颜色：该模式只能存储一个8位色彩深度的文件，最多只有256种颜色，而且这些颜色都是预先定义好的。当将其他彩色模式的文件转换为索引颜色模式时，Photoshop将构建一个颜色查找表，用以存放并索引图像中的颜色。如果原图像中的某种颜色没有出现在该表中，则程序将选取现有颜色中最接近的一种，或使用现有颜色模拟该颜色。

位图：只使用黑色或白色之一来表示图像中的像素，它通过组合不同大小的点来产生一定的灰度级阴影。因此，使用位图模式可更好地设定网点的大小、形状及角度，只有灰度和多通道模式下的图像才能被转换成位图模式。

双色调：采用两种彩色油墨创建由双色调、三色调、四色调混合色阶来组成的图像。在此模式中，最多可向灰度图像中添加4种颜色。

多通道：该模式包含多种灰阶通道，每一通道均由256级灰阶组成，主要用于有特殊打印需求的图像。在RGB或CMYK色彩模式的文件中任何一个通道被删除后，它就会变成多通道色彩模式。

（7）图像格式：Photoshop支持20多种文件格式，除了Photoshop专用的PSD文件格式外，还包括JPEG，TIF和BMP等常用文件格式。

PSD：Photoshop的专用文件格式，也是唯一可以存取所有Photoshop特有的文件信息以及所有色彩模式的格式。如果文件中要包含图层或通道信息时，就必须以PSD格式存储，以便于修改和制作各种特效。

BMP：Microsoft公司Windows的图像格式，可以支持1 bit、8 bit和24 bit的格式，并且可以选择Windows或OS/2两种格式。

GIF：Compuserve公司制定的一种图形交换格式，它使用LZW压缩方式（一种无损压缩）将文件的大小进行压缩，这种经过压缩的格式可以使图形文件在通信传输时较为快捷，但只能达到256色。使用GIF89a格式可以储存为背景透明的形式，并且可以将数张图片存储为一个文件，从而形成动画效果。

EPS：一种应用非常广泛的Postscript格式，常用于绘图或排版软件。用EPS格式存档时可通过对话框设定存储的各种参数。

JPEG：一种高效的压缩图像文件格式。在存档时能够将肉眼无法分辨的资料删除，以节省存储空间，但被删除的资料无法还原，这种压缩称为“失真压缩”，所以JPEG文件不适合放大观看，将其输出为印刷品时，印刷品的品质也会受到影响。其大多用于网络。

RAW：一种原始的文件格式，它的结构是依次记录所有的像素，因此所占的空间较大。相对而言，RAW格式在各种计算机之间进行文件交换时具有较好的弹性。以RAW格式存储时，可以定义文件头（Header）的参数。

Scitex CT：一种图像处理及印刷系统，它所使用的SCT格式可用来记录RGB，CMYK及灰度模式下的连续层次。在Photoshop中用SCT格式建立的文件可以和Scitex系统相互交换。

TIFF：是一种应用非常广泛的格式，它可以在许多不同的平台和应用软件间交换信息，同时也可以使用LZW方式压缩。在Photoshop中以TIFF格式存储时，可以选择PC或Mac格式，以及是否进行LZW压缩。

PNG：称为可移植网络图形，用于在网页上无损压缩和显示图像。该格式支持24位图像，而且产生的透明背景没有锯齿边缘，支持带一个Alpha通道的RGB和灰度色彩模式，以及不带Alpha通道的RGB和索引颜色色彩模式。

PDF：Portable Document Format的简称，意思“便携式文件格式”，用于文件交换所发展出的文件格式。它的优点在于跨平台、能保留文件原有格式（Layout）、开放标准，能免版税（Royalty-free）自由开发PDF相容软体。能轻松实现PDF转Word，PDF转HTML，PDF转JPG等多种转换功能，完美支持Windows XP/2003/Vista/7，兼容32位和64位系统。界面简洁大方，操作容易上手，更重要的是它完全免费，可以随意分发使用！通常在数码打印时采用此文件格式较为方便，以免转换其他格式出错。

（8）分辨率：是指每平方英寸图像内包含的像素数目，它又有图像分辨率、打印分辨率和显示器分辨率之分，其含义分别如下。

图像分辨率：其单位是“像素/英寸”，如“300像素/英寸”即指每平方英寸含有300个像素，同一幅图像的分辨率越大，图像就越清晰，文件也越大，反之图像就越模糊，图像文件也越小。一般用于印刷的图像分辨率为300 dpi。

打印分辨率：指打印机等输出设备在输出图像时每平方英寸所产生的油墨点数。

显示器分辨率：指显示器上每单位长度显示的点数目。一般用于显示的图像分辨率为72或96 dpi。

（9）图像类型：在计算机领域中图像类型分为两种，即位图和矢量图。

位图图像（bitmap），亦称点阵图像或绘制图像，是由称为像素（图片元素）的单个点组成的。这些点可以进行不同的排列和染色以构成图样。当放大位图时，可以看见构成整个图像的无数单个方块（图1-2）。

图1-2

矢量图是根据几何特性来绘制图形，矢量可以是一个点或一条线，矢量图只能靠软件生成，文件占用内在空间较小，因为这种类型的图像文件包含独立的分离图像，可以自由无限制地重新组合。它的特点是放大后图像不会失真，和分辨率无关，文件占用空间较小，适用于图形设计、文字设计和一些标志设计、版式设计等（图1-3）。

图1-3

1.3 Photoshop CS6工具箱基础使用

Photoshop CS6工具箱的工具大致可以分为7类，分别为选择、裁剪、测量、修饰、绘画、绘图与文字、导航与3D工具（图1-4）。

在运用工具进行图像处理时，要根据需要在选项栏中设置不同的参数。设置的参数不同，得到的图像效果也不同。

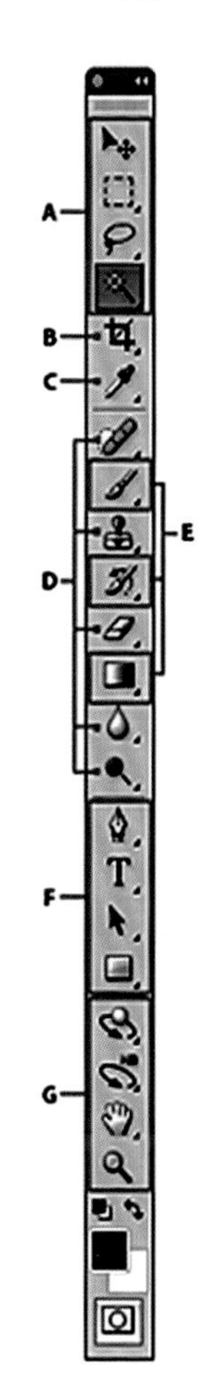

A 选择工具

- ■ 移动(V)*
- ■ 矩形选框(M)
- 椭圆选框(M)
- 单列选框
- 单行选框
- ■ 套索(L)
- 多边形套索(L)
- 磁性套索(L)
- ■ 快速选择(W)
- 魔棒(W)

B 裁剪和切片工具

- ■ 裁剪(C)
- 切片(C)
- 切片选择(C)

C 测量工具

- ■ 吸管(I)
- 颜色取样器(I)
- 标尺(I)
- 注释(I)
- 计数(I)†

D 修饰工具

- ■ 污点修复画笔(J)
- 修复画笔(J)
- 修补(J)
- 红眼(J)
- ■ 仿制图章(S)
- 图案图章(S)
- ■ 橡皮擦(E)
- 背景橡皮擦(E)
- 魔术橡皮擦(E)
- ■ 模糊
- 锐化
- 涂抹
- ■ 减淡(O)
- 加深(O)
- 海绵(O)

E 绘画工具

- ■ 画笔(B)
- 铅笔(B)
- 颜色替换(B)
- ■ 历史记录画笔(Y)
- 历史记录艺术画笔(Y)
- ■ 渐变(G)
- 油漆桶(G)

F 绘图和文字工具

- ■ 钢笔(P)
- 自由钢笔(P)
- 添加锚点
- 删除锚点
- 转换点
- ■ 横排文字(T)
- 直排文字(T)
- 横排文字蒙版(T)
- 直排文字蒙板(T)
- ■ 路径选择(A)
- 直接选择(A)
- ■ 矩形(U)
- 圆角矩形(U)
- 椭圆(U)
- 多边形(U)
- 直线(U)
- 自定形状(U)

G 导航&3D工具

- ■ 3D旋转(K)†
- 3D滚动(K)†
- 3D平移(K)†
- 3D滑动(K)†
- 3D比例(K)†
- ■ 3D环绕(N)†
- 3D滚动视图(N)†
- 3D平移视图(N)†
- 3D移动视图(N)†
- 3D缩放(N)†
- ■ 抓手(H)
- 旋转视图(R)
- ■ 缩放(Z)

图1-4

1.3.1 选择工具

选择工具包括移动工具、选框工具、套索工具和快速选择工具。

（1）移动工具：移动工具不仅可以用来移动图像、选区、图层，还可以方便快速地选定图层，调整图片大小、旋转图片。快捷键是【V】。

按住【Alt】键，同时使用【移动工具】，可以复制选中的内容；按住鼠标左键不放，将一幅图像拖到另一幅图像的状态栏上，松开鼠标左键，可以将一幅图像中的内容拖到另一幅图像中（如果按住鼠标左键的同时，按住【Shift】键，可以拖动到第二幅图像的中间位置）。

> 技巧：选中工具箱中的【移动工具】后，按键盘上的【←】、【→】、【↑】、【↓】方向键，可以以1个像素为单位，将图像按照指定的方向移动；按住【Shift】键的同时按住这些方向键，可以以10个像素为单位移动图像。

（2）选框工具：选框工具包括【矩形选框工具】（图1-5）、【椭圆选框工具】、【单行选框工具】和【单列选框工具】4个工具，用于在文件中创建各种类型的规则选择区域，创建后，操作只在选框内进行，选框外不受任何影响。按住鼠标左键，移动鼠标即可得到选定区域。

羽化：0像素 消除锯齿 样式：正常 宽度： 高度： 调整边缘...

图1-5

从左至右图标含义分别为：

【新选区】创建一个新的选区。

【添加到选区】在原有选区的基础上添加选区。

【从选区减去】在原有选区的基础上减去选区。

【与选区交叉】新选区为两个选区相交的区域。

> 技巧：在图像中已有建立的选区时，若按住【Shift】键不放，则暂时切换为【添加到选区】按钮的功能；按住【Alt】键不放，则暂时切换为【从选区减去】按钮的功能；按住【Shift】+【Alt】组合键不放，则暂时切换为【与选区交叉】按钮的功能。

【羽化】该值的设置决定选区边缘的柔化程度，可以在文本框中输入羽化数值，其数值范围为0～250，值越高所柔化的效果越强，但是会使选定范围边缘上的一些细节丢失。

【消除锯齿】只能在【椭圆选区工具】中使用。勾选此项后，选区边缘的锯齿将消除。

【样式】单击右侧的三角按钮，打开下拉列表框，可以选取不同的样式：【正常】表示可以创建不同大小和形状的选区；【固定长宽比】可以设置选区宽度和高度之间的比例，并可在其右侧的【宽度】和【高度】文本框中输入具体的数值；【固定大小】表示将锁定选区的长宽比例及选区大小，并可在右侧的文本框中输入一个数值。

> 技巧：创建选区后，按住【Ctrl】键，同时使用【移动工具】拖动图像，图像移动，原来的位置将自动填充白色、黑色或透明色；创建选区后，按住【Ctrl】+【Alt】组合键，同时拖动选区内容，可以复制选区；选择选框工具后，按住【Shift】键，同时按鼠标左键拖动选区，可以创建正方形选区、圆形选区；按住鼠标左键拖动，并按住【Alt】键，选取的选区从中心向四周延伸（先拖动鼠标后按键）；按住鼠标左键拖动，按住【Shift】+【Alt】组合键，选取正方形选区从正方形中心向四周延伸。

（3）套索工具组：用于建立自由形状选区，按住鼠标的左键，可绘制选区。包括两个工具：【套索工具】、【多边形套索工具】和【磁性套索工具】。

【套索工具】只需单击起点和终点。

【多边形套索工具】工具对于绘制选区边框的直边线段十分有用。其基本操作过程为：选择多边形套索工具，在图像中单击以设置起点；然后在对象的各个转折点单击鼠标，设置后续线段的端点。要闭合选区边界，可将多边形套索工具的指针放在起点上（指针旁边会出现一个闭合的圆）并单击。如果指针不在起点上，请双击【多边形套索工具】指针，或者按住【Ctrl】键并单击。

【磁性套索工具】根据颜色不同而自己产生套索选区，特别适用于快速选择与背景对比强烈且边缘复杂的对象（图1-6）。

图1-6

技巧：按住【Backspace】键可以取消前一个节点。

【宽度】用于设定系统检测范围。系统将以鼠标为中心在设定的范围内选定抬头最大的边缘，范围为1~40像素。

【对比度】用于设置系统检测边缘的精度，值越大，所能识别的边界对比度也就越高，取值范围为0~100。

【频率】用于设定创建关键点的频率（速度），值设置越大，系统创建关键点的速度越快，此参数设置范围为0~100。

【调整边缘】用于使用绘图板压力以更改钢笔宽度。

技巧：使用磁性套索时，如果选择的区域发生偏离需要调整或终止时，请按【Esc】键。

（4）魔棒工具：可以选择图像中连续或者不连续的颜色一致的区域（例如，一朵黄花），而不必跟踪其轮廓。可以基于与单击像素的相似度，为魔棒工具的选区指定色彩范围或容差（图1-7）。

图1-7

【容差】数值越大，可选的颜色范围就越广；数值越小，选取的颜色与单击鼠标处图像的颜色越接近，范围也就越小（参数设置范围为0~255）。

【连续】勾选时只选取相邻的图像区域；未勾选时可将不相邻的区域也添加入选区。

（5）快速选择工具：选择该工具后，按住鼠标左键进行拖动，快速建立选区（图1-8）。

图1-8

选项栏中有三个图标，依次是【新选区】【添加选区】【减去选区】。没有选区时，默认的选择方式是新建；选区建立后，自动改为【添加到选区】；按住【Alt】键，选择方式变为【从选区减去】。

【对所有图层取样】当图像中含有多个图层时，选中将对所有可见图层的图像起作用，没有选中时，只对当前图层起作用。

【自动增强】可减少选区边界的粗糙度和块效应（一般应勾选此项）。

技巧：套索工具主要用于边缘轮廓较为清晰的形状图像，魔术棒主要用于色彩区分度较高的区域选择。魔术棒选择时，如果需要选择大面积区域，但色彩区分度又不高时，可以适当增大容差，同时按住【Shift】键（选取相加）。容差就是指色彩的容和程度，即色彩区分度。

1.3.2 裁剪和切片工具

（1）裁切工具：用来裁切图像，在要保留的图像上拖出一个方框作选区，可拖动边控点或角控点调整大小，框内是要保留的区域，框外是要被裁切的区域，然后在选区内双击或按回车确认（图1-9）。

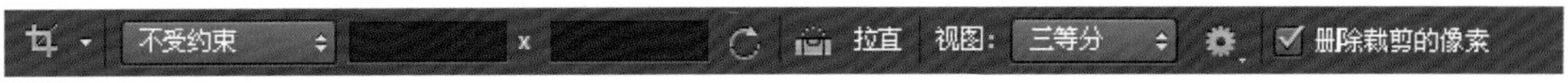

图1-9

【不受约束】自由比例。

【裁剪输入框】可以自由设置裁剪的长宽比。

【纵向与横向旋转裁剪框】设置裁剪框为纵向裁剪或横向裁剪。

【拉直】可以矫正倾斜的照片。在图层上拉一条斜线，放开鼠标。

【视图】下分三等分、网格、对角等方式；主要便于查看图片间的位置关系。网格帮助对齐，三等分帮助构图。

【其他裁剪选项】可以设置裁剪的显示区域，以及裁剪屏蔽的颜色、不透明度等。

【删除裁剪的像素】勾选该选项后，裁剪完毕后的图像将不可更改；不勾选该选项，即使裁剪完毕后选择裁剪工具单击图像区域仍可显示裁切前的状态，并且可以重新调整裁剪框。

技巧：裁切修改时注意视图菜单下的对齐命令，适当解开对齐到边线、辅助线等限制，便于轻松达到目标。【Ctrl+H】：隐藏裁剪标志额外信息，单击画面即可重新出现裁剪标志。【Alt】+鼠标左键单击：中心点可移动。

（2）切片工具：将一个完整的源图像分成许多的功能区域图像。将图像存为 Web 页时，每个切片作为一个独立的文件存储，文件中包含切片自己的设置、颜色调板、链接、翻转效果及动画效果，可以对每一张进行单独的优化，切割许多小片，以便上传、下载，提高网页查看时的显示速度。切片图像后，可以用Dreamwaver来进行细致的处理。利用切片工具可以快速地进行网页的制作（图1-10）。

图1-10

【W：H：】参数输入框，可以输入需要的尺寸。

【分辨率】设置切片图像分辨率，一般用于网络切片图像分辨率为72或96 dpi。

【前面的图像】可以使裁剪后的图像与之前打开的图像大小相同。

【清除】可以清除输入框中的数值。

【显示网格】勾选显示网格，则显示裁剪框的网格；不勾选，则仅显示外框线。选择区域后，单击鼠标右键：依次是起点的坐标、宽度、高度、角度、距离数值。

技巧：划分切片，水平划分和垂直划分可以同时选择使用。

①名称：切片的名称，可自己设置名称。

②URL：设置点击切片后打开的网站网址。

③目标：打开网址的方式blank（在浏览器新窗口中打开）。

④信息文本：输入想要显示文本，在网页浏览器左下角将会显示所输入的文本。

⑤Alt标记：输入文本，当鼠标停放在所输入标记的切片上不动时，将提示所输入的文本内容。

1.3.3 测量工具

测量工具包括颜色取样和尺寸测量标注两种工具。

（1）吸管工具：可吸取此软件内的任意文档的颜色，并作为前景色进行其他地方的填充。

用法：先点击工具，再在你想要吸取颜色的地方点击，这时可看到工具栏里的前景色变为你选取的颜色，然后用选择工具选取你要填充的地方按下【Alt+Del】键进行前景色填充。可看到你所填充的地方和取色地方的颜色是一样的。

（2）颜色取样器：类似于吸管工具，能够取多个样本，若想改变某个样本，可以在选定的样本上操作，左键移动，右键更改。按住【Alt】鼠标指针变成“剪刀”时，放开鼠标可以将该颜色取样删除（图1-11）。

图1-11

【取样大小】单击选项栏中的“取样大小”选项的下三角按钮，可弹出下拉菜单，在其中可选择要在怎样的范围内吸取颜色（可在前景色上查看）。

【显示取样环】勾选时，环上所指为当前取样点颜色；不勾选时，环下所指上一次取样点颜色。

（3）计数工具：可统计图像中对象的个数，并将这些数目显示在选项栏的视图中（图1-12）。

图1-12

依次是显示计数的总个数、计数组、切换计数组的可见性、创建新的计数组、删除当前所选计数组、删除所选标签、设置标签颜色、设置标记大小、设置标签大小。

移动鼠标到计数标签上，当鼠标指针变成“1+”形状时，按住鼠标左键，拖动鼠标，可以调整标签位置。

按住【Alt】键的同时将鼠标移动到标签上，当鼠标指针变成“1-”时，放开鼠标可以将该色彩标签删除。

（4）注释工具：在图片中添加注释的工具。选择这个工具后在需要添加注释的地方单击就会有一个对话框出现，在里面输入想要的文字即可，关闭对话框就可以保存。我们可以在属性栏输入其他信息，也可以在注释上右键选择删除等。这款工具可以多次使用，注释完成后，保存为PSD格式的文件就可以把注释保存。

（5）标尺工具：选定标尺工具后，点击图片上面的一个点，拖住不动，到另外一个点的时候放开鼠标。在菜单栏中就显示出了起始点、结束点、角度、长度等一系列数值。使用标尺工具前可以设置标尺单位。如果要画直线，只要按住【Shift】键然后继续画就可以了。拖动线条一端可以随意改变角度。

> 技巧：当需要对图片进行打印时，会发现图片的位置并不是很正，这时候就可以使用标尺工具对这张图片进行剪裁。选择剪裁线后，点击菜单栏的“拉直图层”，会发现图片的角度发生了改变。

1.3.4 修复工具

（1）污点修复画笔：利用污点修复画笔工具可以快速移去照片中的污点和其他不理想部分，快捷键为【J】。

选择污点修复画笔工具，在确定需要修复的图像位置，调整好画笔大小，按住鼠标左键，移动鼠标就会在确定需要修复的位置自动匹配（图1-13）。

图1-13

技巧：使用的时候只需适当调节笔触的大小并在属性栏设置好相关属性。然后在污点上面点一下就可以修复污点。如果污点较大，可以从边缘开始逐步修复。

【近似匹配】可以用于背景中修复文字。

【创建纹理】自动使用覆盖区域中的所有像素创建一个用于修复该区域的纹理，可以用于衣服中修复脏点。

【内容识别】可以用于脸部、皮肤中修复脏点、痘痘。

在需要修复的位置单击，按住鼠标左键并拖动鼠标，会自动在图像上进行取样，并将取样的像素与修复的像素相匹配。

（2）修复画笔工具：用来修复图片的工具。

操作方法：选择工具，按住【Alt】键，在修复点的附近或别的地方选择好仿制源，松开【Alt】键后在修复点上点一下就可以修复。可以在属性栏设置相应的画笔大小及不透明度来精确修复。同时仿制源属性板上，可以设置多个仿制源，方便较为复杂的图片修复（图1-14）。

图1-14

【取样】【Alt】+鼠标左键=取样，松开鼠标后在图像中需要修复的区域涂抹即可。

【图案】在“图案”面板中选择图案或自定义图案填充图像。

【对齐】勾选对齐，下一次的复制位置会与上次的完全重合；取消勾选，取样点始终保持在最初的位置。

注意：从一幅图像取样并应用到另一幅图像，需要注意的是这两幅图像的颜色模式必须相同。

（3）修补工具：较为精确的修复工具。

使用方法：选择工具，在需要修补的区域，拖动鼠标左键创建一个选区，然后按住鼠标左键将选区内容拖至用于修复的采样区域中，接着松开鼠标左键，取消选区。同时在属性栏上，可以设置相关的属性，可同时选取多个选区进行修复（图1-15）。

图1-15

属性栏中“目标”与“源”的使用方法正好相反。目标：需要修补的区域；源：用以修补的素材图像。

（4）内容感知和移动工具：①感知和移动功能：主要用来移动图片中的主体，并随意放置到合适的位置。移动后的空隙位置，PS会智能修复。操作方法：在工具箱的修复画笔工具栏中选择“内容感知移动工具”，鼠标上就出现“X”图形，按住鼠标左键并拖动就可以画出选区；先用这个工具把需要移动的部分选取出来，然后再在选区中按住鼠标左键拖动，移到想要放置的位置后松开鼠标后系统就会智能修复。②快速复制功能：选取想要复制的部分，移到其他需要的位置就可以实现复制，复制后的边缘会自动柔化处理，跟周围环境融合（图1-16）。

图1-16

【模式】有两个选择：“移动”和“扩展”。选择“移动”就会实现上面的“①”的功能。选择“扩展”就会实现上面“②”的功能。扩展：就是复制；移动：就是剪切。

（5）红眼工具：专门用来消除人物眼睛因灯光或闪光灯照射后瞳孔产生的红点、白点等反射光点。

操作方法：选择这款工具，在属性栏设置好瞳孔大小及变暗数值，然后在瞳孔位置用鼠标左键点击一下就可以修复（图1-17）。

图1-17

瞳孔大小：设置修复瞳孔范围的大小；值越大，黑色瞳孔范围越大。变暗量：用于设置修复范围的颜色的亮度。

（6）仿制图章工具：可以从图像中取样，然后将样本应用到其他图像或同一图像的其他部分。也可以将一个图层的一部分仿制到另一个图层。该工具的每个描边在多个样本上绘画。

在工具箱中选取仿制图章工具，把鼠标放到要被复制的图像的窗口上，这时鼠标将显示一个图章的形状，和工具箱中的图章形状一样，按住【Alt】键，单击一下鼠标进行定点选样，这样复制的图像被保存到剪贴板中。把鼠标移到要复制图像的窗口中，选择一个点，然后按住鼠标拖动即可逐渐出现复制的图像（图1-18）。

图1-18

技巧：①使用仿制图章工具时，会在该区域上设置要应用到另一个区域上的取样点。通过在选项栏中选择“对齐”，无论对绘画停止和继续了多少次，都可以重新使用最新的取样点。当“对齐”处于取消选择状态时，每次绘画时重新使用同一个样本像素。②可以将任何画笔笔尖与仿制图章工具一起使用，可以对仿制区域的大小进行多种控制，还可以使用选项栏中的不透明度和流量设置来微调应用仿制区域的方式，并可以从一个图像取样并在另一个图像中应用仿制，前提是这两个图像的颜色模式相同。③在选项栏中选择“使用所有图层”可以从所有可视图层对数据进行取样；取消选择“使用所有图层”将只从现用图层取样。在选项栏中，选取画笔笔尖并为混合模式、不透明度和流量设置画笔选项。④想要对齐样本像素的方式，在选项栏中选择“对齐”，会对像素连续取样，而不会丢失当前的取样点，即使松开鼠标按键时也是如此。如果取消选择“对齐”，则会在每次停止并重新开始绘画时使用初始取样点中的样本像素。⑤通过在任意打开的图像中定位指针，然后按住【Alt】键并点按 。在要校正的图像部分上拖移。

（7）图案图章工具：可以利用图案进行绘画，可以从图案库中选择图案或者自己创建图案。

选择图案图章工具，在选项栏中选取画笔笔尖，并设置画笔选项（混合模式、不透明度和流量）。在选项栏中，从“图案”弹出的调板中选择图案，在图像中拖移即可以使用该图案进行绘画。

在选项栏中选择“对齐”，会对像素连续取样，而不会丢失当前的取样点，即使松开鼠标按键时也是如此。如果取消选择“对齐”，则会在每次停止并重新开始绘画时使用初始取样点中的样本像素。运用图案图章工具时，可以点击图案样式后，再单击“齿轮”图标加以展开，对图案样式进行存储、追加等（图1-19）。

（8）橡皮擦工具：用于擦除图像。在背景层上擦除的内容和背景色有直接关系；在普通层上擦除透明网格（什么都没有）。若点选属性栏的抹到历史记录，则又等同于历史记录画笔的功能（针对已存的文件进行恢复操作）（图1-20）。

可设置橡皮擦工具的大小及其软硬程度。

模式：有“画笔”“铅笔”和“块”三种。如果选择“画笔”，它的边缘则显得柔和也可改变“画笔”的软硬程度；如果选择“铅笔”，擦去的边缘就显得尖锐；如果选择的是“块”，橡皮擦就变成一个方块。

图 1-19

模式：画笔 不透明度：100% 流量：100% 抹到历史记录

图1-20

不透明度：擦除后图像呈显透明的程度。

（9）背景橡皮擦工具：擦除的对象是鼠标中心点所触及的颜色，如果把鼠标放在图片某一点上，所显示擦头的位置变成鼠标中心点所接触到的颜色，把鼠标中心点接触到图片上的另一种颜色时，“背景色”也相应变更（图1-21）。

限制：连续 容差：50% 保护前景色

图1-21

①取样一项有三个选择："连续" "一次"和"背景色板"。如果选择"连续"，在按住鼠标不放的情况下，鼠标中心点所接触的颜色都会被擦掉；如果选择"一次"，按住鼠标不放的情况下，只有在第一次接触到的颜色才会被擦掉，如果在经过不同颜色时这个颜色不会被擦除，除非再点击一下其他颜色才会被擦掉；如果选择"背景色板"，擦掉的仅仅是背景色及设定的颜色。例如背景色设定为黄色，前景色设为绿色；图片上的背景是蓝色的，图是黄色的，与背景色设定的颜色一样，那么把鼠标放在蓝色上，蓝色却没有被擦掉，只有鼠标经过图上的黄色区域与背景色相同的被擦掉。

②栏目中"背景橡皮擦工具"的限制：限制也有三种选择："不连接" "邻近"和"查找边缘"。不连续：在画面上用笔刷工具画一个封闭的线条然后选橡皮擦工具，选择"不连续"而在取样内定义为一个连续的。例如，把橡皮擦擦头放大到能覆盖所画的一个封闭线条里面的颜色，当点击橡皮擦工具后，发现鼠标中心点周围所覆盖的颜色被擦掉了；例如，我们再选择"邻近"的，再点一下鼠标就发现鼠标园区的颜色被擦掉，而线条外面的颜色却没被擦掉，这就是不相连和邻近的使用方法；如果使用"查找边缘"：利用鼠标在颜色接触边缘处点一下，发现只有边缘处的颜色被擦掉而其他的颜色并没有被擦掉；"容差"和"保护前景色"：如果"保护前景色"附件框没有勾选的话，假如前景色设为黄色，在图片上也用前景色填充一个色块，然后取消保护前景色前面的勾选，再选取背景橡皮擦工具来擦去图像上的颜色，这时凡是鼠标经过的地方都被擦除掉了，如果勾选了保护前景色，凡是鼠标经过的地方都被擦除掉了，而用前景色设置的图像没有被擦掉，这就是"保护前景色"的作用。

③容差：主要设置鼠标擦除范围。"容差"值越高大，擦除的范围就越大。

（10）魔术橡皮擦工具：比较类似工具栏中的“魔棒工具”，通过改变“容差”值来决定擦除的范围与颜色。

（11）模糊工具：也叫柔化工具，对图像进行柔化。模糊工具是将涂抹的区域变得模糊，模糊有时候是一种表现手法，将画面中其余部分作模糊处理，就可以凸显主体（图1-22）。

13 模式：正常 强度：50% 对所有图层取样

图1-22

从左到右分别表示：画笔形状的选择；设定画笔模式；设定压力的大小；确定模糊工具是否对所有可见层起作用。

注意模糊工具的操作是类似于喷枪的可持续作用，即鼠标在一个地方停留时间越久，这个地方被模糊的程度就越大。模糊工具可以很方便地进行小工作的磨皮操作，如果要处理的地方较多，一般使用蒙版等相关工具。

（12）锐化工具：将图像的清晰度进行调整，锐化值高，边缘相对清晰，画面中模糊的部分也变得清晰，锐化工具在使用中不带有类似喷枪的可持续作用性，在一个地方停留并不会加大锐化程度。不过一般锐化程度不能太大，否则会失去良好的效果。

锐化工具用的时候要小心，锐化的原理是提高像素的对比度而看上去清晰，用的时候一般用在事物的边缘，但不可以过度锐化。

（13）涂抹工具：使用时产生的效果好像是用干笔刷在未干的油墨上擦过，就是笔触周围的像素将随笔触一起移动。

（14）减淡工具：将图像亮度增强，颜色减淡的工具，用来增强画面的明亮程度，在画面曝光不足的情况下使用非常有效。减淡工具通常和色阶工具有类似的效果。

压力：（也就是曝光度），压力一般控制在10%以内，压力太大涂出来效果会太明显，涂出来就很脏，颜色一块一块的。把压力设小点的话，涂出来效果不会太明显，然后反复地涂，这样涂出来就算脏也不会太明显，可以用模糊方式来处理下。这样基本上就可以解决画出来有脏色块的问题了。

模式（高光、中间调、暗调）：用高光模式加深时，被加深的地方饱和度会很低，看着会呈灰色，在压力高的情况下，灰色会更明显，看起来会很脏；用暗调模式加深时，被加深的地方饱和度会很高，也就是大家说的画出来很红；用中间调模式加深时，被加深的地方颜色会比较柔和，饱和度也比较正常。

减淡时模式的工作原理：用高光模式减淡时，被减淡的地方饱和度会很高。比如红色用高光模式减淡时会变橙色，橙色用高光模式减淡时会变黄色。用暗调模式减淡时，被减淡的地方饱和度会很低，一种颜色反复地涂刷以后，会变成白色，而不掺杂其他的颜色。用中间调模式减淡时，被减淡的地方颜色会比较柔和，饱和度也比较正常。

（15）加深工具：用来将图像变暗，颜色加深。在加深工具里，可设置加深工具的主直径、硬度、曝光度及范围。

（16）海绵工具：用来吸去颜色的。用此工具可以将有颜色的部分变为黑白。它与减淡工具不同，减淡工具在减淡时同时将所有颜色，包括黑色都减淡，到最后就成一片白色。而海绵工具只吸去除黑白以外的颜色，可以精确地改变图像局部的色彩饱和度。海绵工具不会造成像素的重新分布，因此其降低饱和度和饱和方式可以作为互补来使用，过度降低饱和度后，可以切换到饱和方式增加色彩饱和度。但无法为已经完全为灰度的像素增加上色彩。

海绵工具的作用是改变局部的色彩饱和度，可选择减少饱和度（去色）或增加饱和度（加色）。海绵工具可以增加或降低图像的色彩饱和度。海绵工具属性栏中，Brush选项用于选择画笔的形状；Mode选项用于设定饱和度处理方式，其中Saturate选项用于对图像的色彩进行饱和化处理，Desaturate选项用于对图像的色彩进行非饱和化处理；Pressure选项用于设定压力的大小。

注意：海绵工具不能应用于索引颜色和位图颜色模式。

1.3.5 绘画工具

（1）画笔工具：主要用于绘制线段，涉及粗细、力度、形状等。

点击绘画工具，按住鼠标，就可以进行绘制。按住【shift】键点一下，然后把画笔放到另一端点就可以绘制直线。按住【Shift】还可以绘制水平、垂直或45° 的直线（图1-23）。

图1-23

技巧：①画笔笔尖形状可以在画笔面板中进行选择画笔预设，改变画笔的角度以及圆度。还可以设置间距，调解过的笔刷将比默认的笔刷更好用。②画笔形状动态主要微调笔刷的尺寸、角度以及圆度。如果有绘图板，可以调节倾斜。如果用鼠标绘图，可以试试渐隐。角度抖动和圆度抖动都可以自行调节。③传递选项可以改变笔刷的可见度（流量和不透明度）。可以改变流量和不透明度的抖动数值。④可将指定的画笔预设设置保存为工具预设。⑤可以定义画笔预设，很容易就能新建画笔预设，然后可以随意挥洒灵感了。⑥可以将图像转换成笔刷，只不过只能以灰度图（黑白）的形式记录。⑦可以导入或导出笔刷，通过预设管理器不但可以方便地载入笔刷，还可以很方便地导出自设的笔刷。这样保存起来就能在别的计算机上工作了。

（2）铅笔工具：使用方法同画笔工具。

（3）颜色替换工具：需要替换图片中某个地方的颜色，使图片看起来更自然，便可以采用颜色替换工具，替换时要设定选项栏的颜色，再复制到要换的图层，调节好透明度即可。

（4）历史记录画笔工具：历史记录画笔是Photoshop里的图像编辑恢复工具，使用历史记录画笔，可以将图像编辑中的某个状态还原出来。历史记录是线性的，改变以前的历史将会删除之后的记录。换句话说我们无法在保留现有效果的前提下，去修改以前历史中所做过的操作。但有一个工具可以不返回历史记录，直接在现有效果的基础上抹除历史中某一步操作的效果。这就是历史记录画笔工具。

历史记录画笔的笔刷设定除了默认的圆形笔刷，也可以使用各种形状各种特效的笔刷。同时在顶部公共栏中可以设定画笔的各种参数。笔刷并不只针对某一工具，而是一种全局性的设定。它提供了一种全新的创作思维方式，可以创作出一些独到的效果。它更偏向于修改型工具，而不是创作型工具。

（5）渐变工具：在填充颜色时，可以从一种颜色变化到另一种颜色，或由浅到深、由深到浅的变化。渐变工具可以创建多种颜色间的逐渐混合。渐变类型包括线性渐变、径向渐变、角度渐变、对称渐变、菱形渐变。

将指针定位在图像中要设置为渐变起点的位置，然后拖移以定义终点，即可形成渐变颜色。

①选择颜色：渐变效果预视条下端有色标，图标的上半部分的小三角是白色，表示没有选中，用鼠标单击图标上半部分的小三角变成黑色时，表示已将其选中。

②删除色标：如果要删除色标，直接用鼠标将其拖离渐变效果预视条就可以了，或用鼠标单击将其选中，然后单击“色标”栏中的“删除”按钮。（渐变效果预视条上至少要有两个色标）

③添加色标：如果要增加色标，用鼠标直接在渐变效果预视条上任意位置单击即可。

④更改色标位置：选择色标后，在“位置”选项中可以设置色标的位置。

⑤色标颜色：单击“颜色”选项或双击色标可以打开“拾色器（色标颜色）”对话框，设置色标的颜色，单击“确定”按钮。

⑥创建透明渐变：在“渐变编辑器”中选择一个实色渐变，选择渐变预视图上方的不透明度色标。

⑦创建杂色渐变：在渐变类型的下拉列表选择“杂色”，粗糙度可以设置渐变的粗糙度，该值越高颜色的层次越丰富，但颜色过渡越粗糙。

创建好新渐变后，输入名称后单击“新建”按钮可以将其保存到渐变列表中；如果单击“存储”按钮，可以打开“存储”对话框，将当前渐变列表中所有的渐变保存为一个渐变库；单击预设右侧的扩展按钮，可以弹出列表，在该菜单中可以选择追加其他渐变库（单击需要的渐变库，即可将其追加到渐变面板中）。

渐变模式包括溶解（用来设置应用渐变时的混合模式）、反向（可转换渐变条中的颜色顺序，得到反向的渐变效果）、反色（用来控制色彩的显示，选中它可以使色彩过渡更平滑）、透明区域（勾选可创建透明渐变，取消勾选则只能创建实色渐变）、前景（在图中填充的是前景色）、图案（在图中填充的是连续的图案，当选中图案时，在图案的弹出式面板中可选择不同的填充图案）。

1.3.6 绘图和文字工具

（1）钢笔工具：主要用来创造路径，创造路径后，还可再编辑。钢笔工具属于矢量绘图工具，其优点是可以勾画平滑的曲线，在缩放或者变形之后仍能保持平滑效果。钢笔工具画出来的矢量图形称为路径，路径是矢量的，路径允许是不封闭的开放状，如果把起点与终点重合绘制就可以得到封闭的路径。

钢笔工具包括自由钢笔、添加锚点、删除锚点、转换点工具。自由钢笔主要绘制任意路径；锚点构成路径形状和结构；添加和删除锚点即可改变图形形状和结构。转换点工具是将钢笔画出来的一个定点（有一个主点的点）转换成一个动点（由一个主点和两个负点组成，拉动负点可以改变曲线的弧度），按住【Alt】键再点要修改的点可以使其变成一个由一个主点和一个负点组成的新点，即调整弧度和曲度。

Photoshop提供多种钢笔工具。标准钢笔工具可用于绘制具有最高精度的图像；自由钢笔工具可用于像使用铅笔在纸上绘图一样来绘制路径；磁性钢笔选项可用于绘制与图像中已定义区域的边缘对齐的路径。可以组合使用钢笔工具和形状工具以创建复杂的形状。

可以通过如下方式创建曲线：在曲线改变方向的位置添加一个锚点，然后拖动构成曲线形状的方向线。方向线的长度和斜度决定了曲线的形状。

技巧：使用尽可能少的锚点拖动曲线，可更容易编辑曲线并且系统可更快速显示和打印。使用过多点还会在曲线中造成不必要的凸起。通过调整方向线长度和角度绘制间隔宽的锚点和练习设计曲线形状。

（2）文字工具：包括直排文字、横排文字、横排文字蒙版、直排文字蒙版工具。主要用于文字创建和文字选区创建（文字蒙版）（图1-24）。

图1-24

依次更改文字方向、字体、字形（Rugular规则的、Italic斜体、Bold粗体、Bold Italic粗斜体、Black加粗体）、字体大小、设置消除锯齿的方式、对齐方式、文本颜色、创建文字变形、字符和段落面板。字符与段落面板（图1-25）。

技巧：将文字图层转换为普通图层：在文字图层面板上单击鼠标右键，选择“栅格化文字”，这样将文字图层转化成普通图层。文字在曲线上呈现：需要先用可以画路径的工具作出曲线路径，再用文字工具。完成后可以用路径选择工具改变文字在路径上的位置。编辑蒙版文字要先栅格化文字。

（3）路径选择工具：包括路径选择和直接选择工具，路径选择工具可以用来选中整条或多条路径进行变换。路径选择工具（黑箭头）：选择一个闭合的路径或是一个独立存在的路径；直接选择工具（白箭头）：可以选择任何路径上的节点，点选其中一个或是按【Shift】连续点选可选多个。按住【Ctrl】键可调换使用这两种工具。

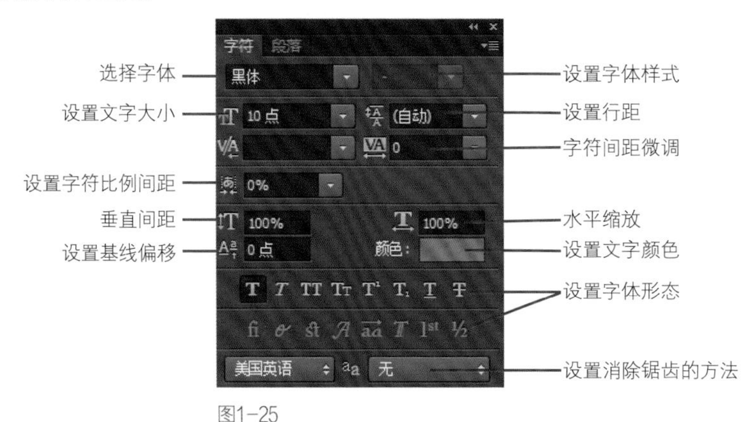

图1-25

技巧：节点控制形状，节点上的锚点控制弧度。绘制或编辑形状时先控制节点达到形状要求，再修改锚点达到弧度要求。

（4）矩形工具：矩形工具包括圆角矩形、椭圆、多边形、直线、自定义形状工具。主要是创建规则的矩形等矢量图形和不规则的自定义矢量图形。

技巧：矩形工具绘制出的矢量图形必须栅格化图层后才能进行位图处理。

1.3.7 导航&3D工具

（1）导航工具："导航器"面板中包含了图像的缩览图和各种窗口缩放工具，主要包括缩放文本框、缩小按钮、缩放滑块、放大按钮等。如果文件尺寸较大，窗口中不能显示完整的图像，通过该面板定位图像的查看区域更加方便。

（2）3D工具：Photoshop中的3D工具需要安装Photoshop CS6完整版，且在64位Windows 7系统下才会有，Windows XP不支持3D功能。

3D工具主要绘制几何立体图形，赋予图形材质与灯光，最后进行渲染输出，和3ds Max软件功能类似。

1.4 Photoshop 菜单基本使用

1.4.1　文件菜单

文件菜单是执行有关新建文件、打开存储的文件、文件存储、文件导出到其他软件和文件打印等命令（图1-26）。

（1）新建：新建文件可以在“文件”菜单栏中选择“新建”，也可以按住【Ctrl】键的同时双击鼠标左键便会弹出一个新建文件对话框。名称可以根据需要自定；宽度、高度可以以像素、英寸、厘米、毫米、点、派卡、列等为单位；像素即DPI（每英寸多少点，即分辨率）。

像素与毫米的转换：像素数/DPI=英寸数，英寸数×25.4=毫米数（图1-27）。

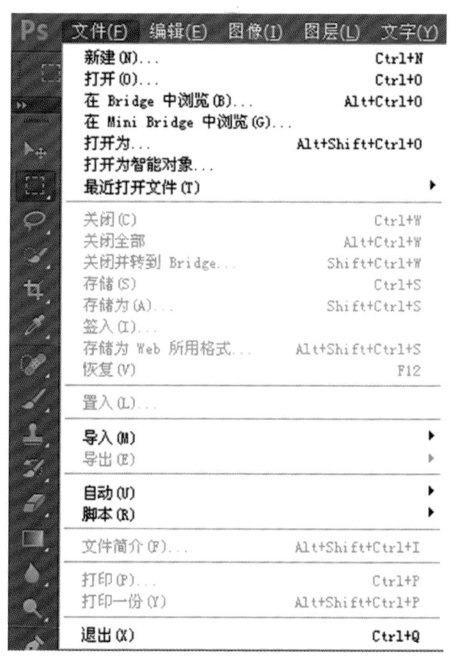

图1-26

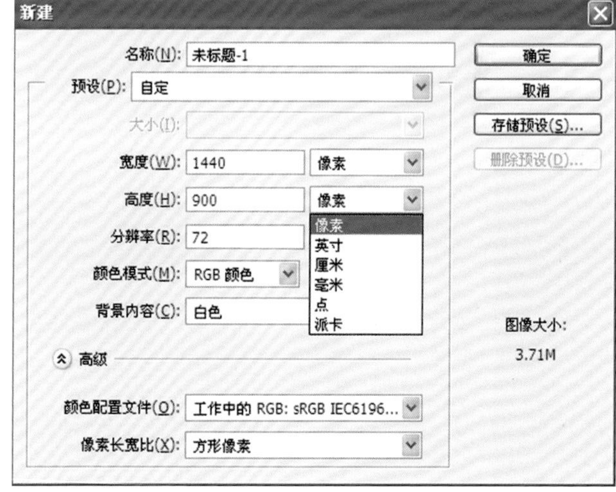

图1-27

一般把“分辨率”设置为72像素/英寸。Photoshop CS6将72 dpi作为缺省设置，因为大多数显示器在屏幕区域中每英寸显示72个像素。我们要根据图像的实际用途来合理设置分辨率。一般练习分辨率设置为72，用于印刷则分辨率设置为300，用于写真一般设置为96～150，用于大面积喷绘一般为50左右。

在“颜色模式”选项中，Photoshop CS6将RGB（红/绿/蓝）颜色作为缺省设置，因为RGB是视频显示器显示颜色的标准色彩模式。在RGB模式中，颜色由红、绿、蓝三种颜色组合而成。如果图片用于印刷、写真等，应将色彩设置为CMYK模式。

新建文件的图层背景可以设置为白色、背景色或透明。可以通过快捷键【Ctrl++】放大图片；【Ctrl+ －】缩小图片。

（2）打开：用来打开图片文件，也是最基本的命令之一。按【Ctrl+O】键或者用鼠标双击操作界面中空白处都可以很快地打开这个对话框。

（3）在Bridge中浏览：Adobe Bridge软件是Adobe公司推出的一款管理图像的软件，相比其他图像浏览软件，Adobe Bridge软件能够查看照片的原始数据。在使用Adobe Bridge软件时，读者可以在同一屏幕中查看缩略图和放大图，拖曳窗口底部的滑块可调整缩略图尺寸，这款软件还可以以幻灯片的方式放映照片。

（4）另存为和保存Web：另存为可以将文件保存为不同的格式，以便可以输出到网络和多媒体程序中。“保存为Web”命令可以使保存的文件输出到互联网上。要使用“保存为Web”，不仅可以选择一个Web文件格式，如GIF或JPEG，而且文件还需确保保存为“网络安全”颜色。

（5）自动：该命令可以运行一组文件或批处理多个Photoshop CS6命令。例如，使用“自动”命令可以将全部装有GIF或JPEG格式文件的文件夹转换成Web图像。“切换到”命令可以立即切换到其他的程序中，例如Adobe ImageReady或Illustrators。

1.4.2 编辑菜单

编辑菜单是执行有关文件复制、粘贴、填充、描边、变换调整、图案定义等以及Photoshop运行前的一些基本设置，是Photoshop软件操作中最为常用的菜单之一（图1-28）。

（1）“还原”命令：这个命令用来将操作进行还原，快捷键是【Ctrl+Z】，但它只能还原一次，如果想要尽可能多地还原操作步骤，则可按【Ctrl+Alt+Z】键。

（2）“剪切”命令：当画面中存在选框时，这个命令能将画面中选框内的部分进行裁切。

（3）“拷贝”和“粘贴”命令：这两个命令基本上是组合使用的，在画面中制作选框后，执行“编辑”→“拷贝”命令或按快捷键【Ctrl+C】将其复制，然后再执行“编辑”→“粘贴”命令或按快捷键【Ctrl+V】，将复制的部分粘贴到画面中。与前面的“剪切”命令不同的是，剪切后的图片在选框中的部分就没有了，而使用“拷贝”和“粘贴”命令后，原图片是完整的。所以大家要注意这两个命令的区别。

（4）“填充”命令：该功能与工具箱中的“油漆桶”工具功能基本相同，只不过它将一些主要的命

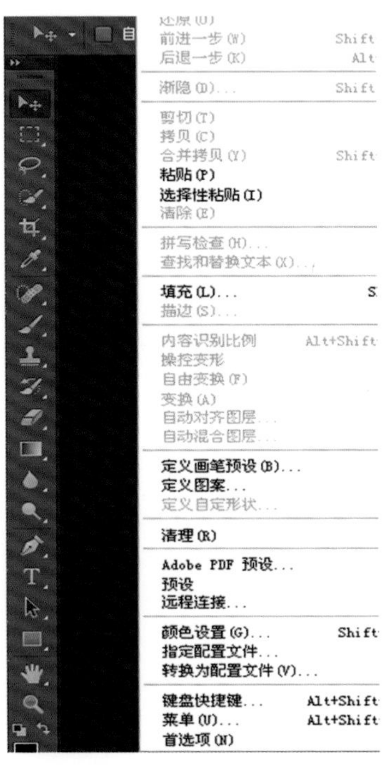

图1-28

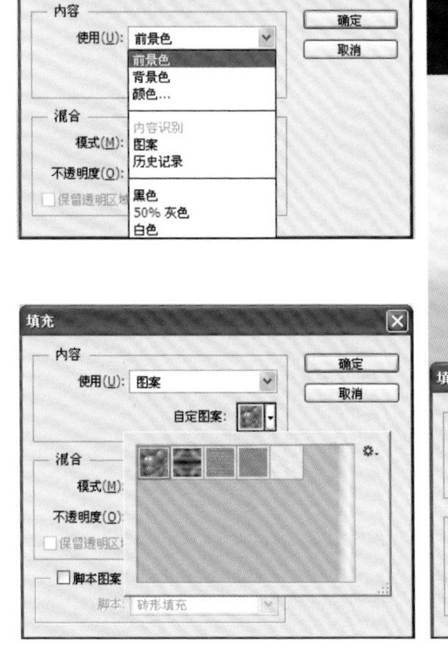

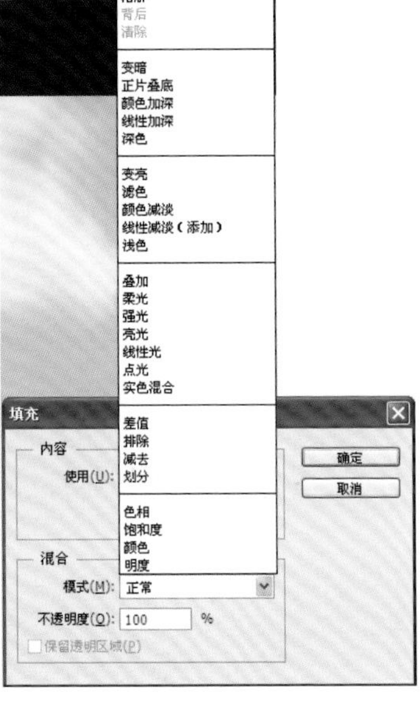

图1-29

令和选项集中在一起。在下拉列表中可以选择很多选项，可以选择这些相应的选项来实现不同的效果，不过最为常用的就是前两个选项。在“模式”下拉列表中可以选择填充的模式，这与前面讲过的混合模式是相同的。如 “不透明度”用于改变填充颜色的透明程度（图1-29）。

（5）“描边”命令：用于对选框或者对象进行描边（图1-30）。

（a）描边前

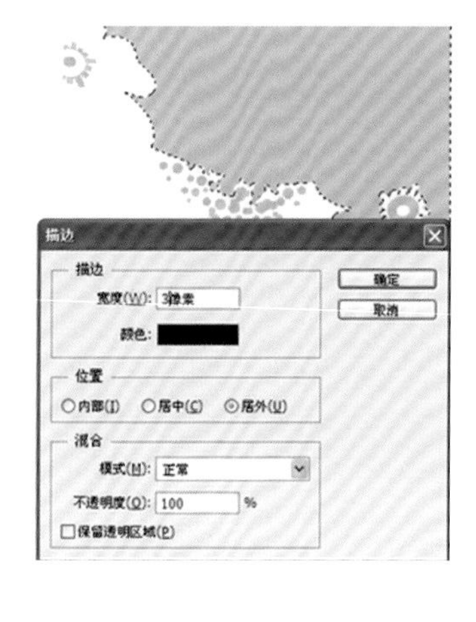

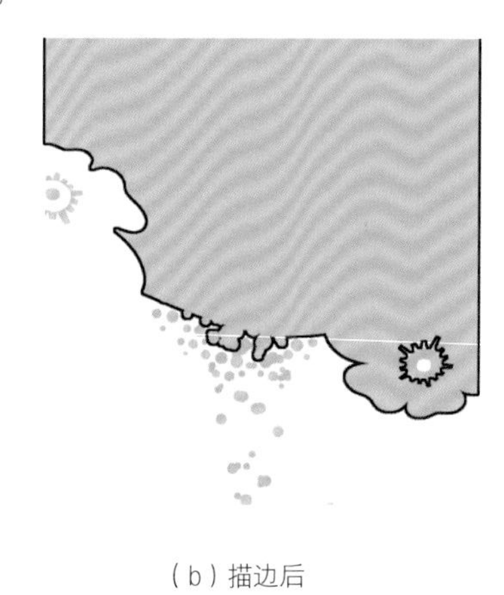

（b）描边后

图1-30

（6）“自由变换”命令：该命令灵活多变，用户可以自行控制，做出各种变形。

自由变换：执行“编辑”→“自由变换”命令。（快捷键：【Ctrl+T】）。

辅助功能键：【Ctrl】、【Shift】、【Alt】。其中【Ctrl】键控制自由变化；【Shift】控制方向、角度和等比例放大缩小；【Alt】键控制中心对称（图1-31）。

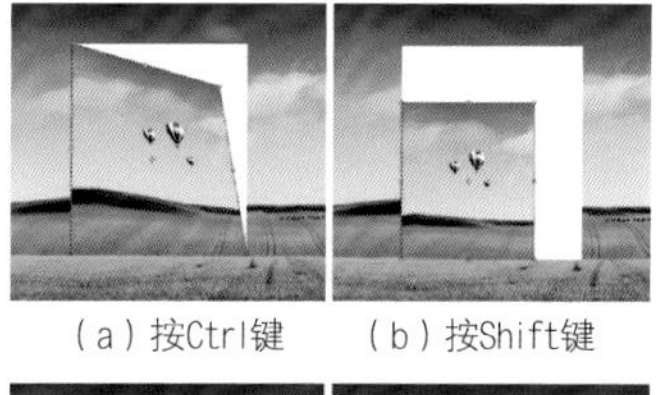

（a）按Ctrl键　（b）按Shift键

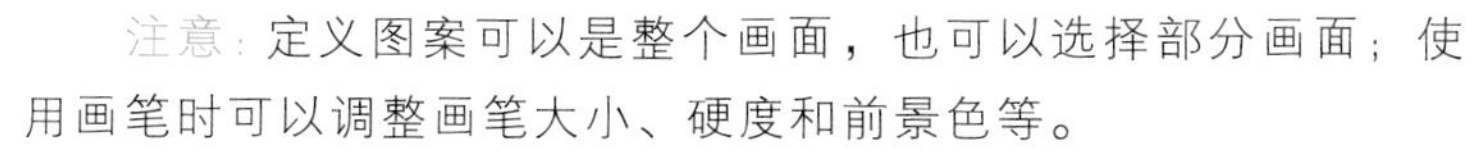

（c）按Alt键　（d）按Shift+Ctrl键

图1-31

（7）“自定义画笔”命令：这个命令可以将一个或者几个图形定义成画笔，然后作为笔刷来使用，可以将很好的图形定义成画笔，这样在以后的操作中就可以节约时间（图1-32）。

注意：定义图案可以是整个画面，也可以选择部分画面；使用画笔时可以调整画笔大小、硬度和前景色等。

（8）“定义图案”命令：与前面讲过的自定义画笔命令的方法基本相同。

（9）“首选项”命令：主要对软件运行前的一些基本和常规设置，如：历史记录步数；界面颜色；光标显示形状……（图1-33）

（a）

（b）　　　　　　　　　　　　（c）

图1-32

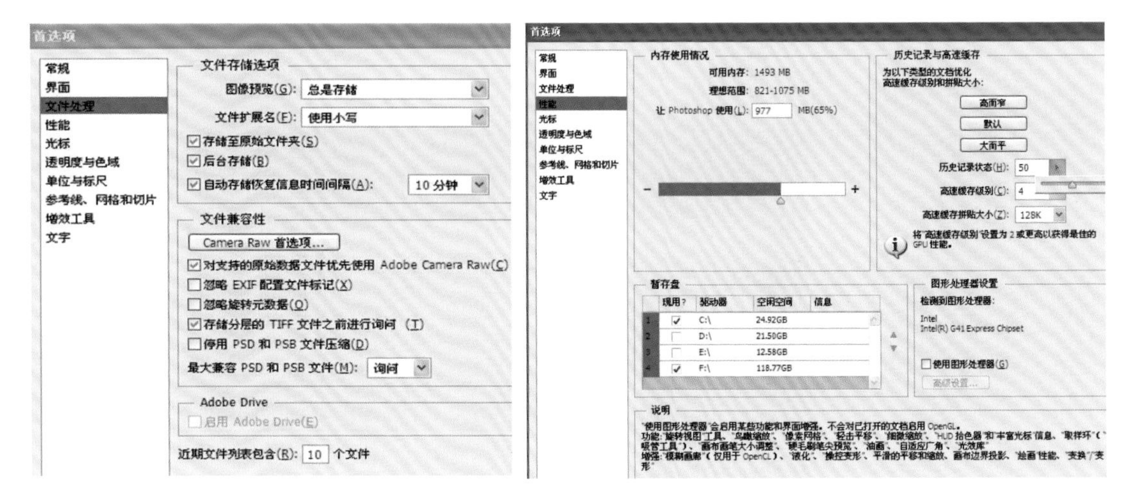

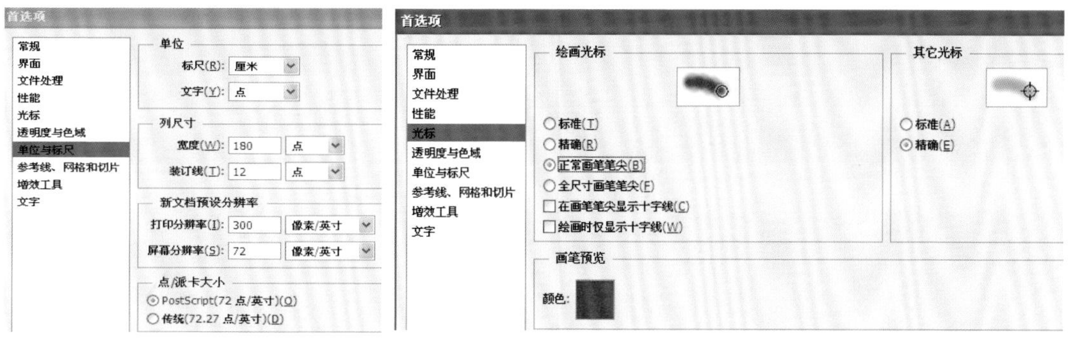

图1-33

1.4.3 图像菜单

“图像”菜单中的命令主要是对图片进行调整，包括图片的大小、颜色、明暗关系和色彩饱和度等。“图像”菜单是实际操作中最为常用的一个菜单，只有充分掌握其主要命令，才能更好地使用Photoshop（图1-34）。

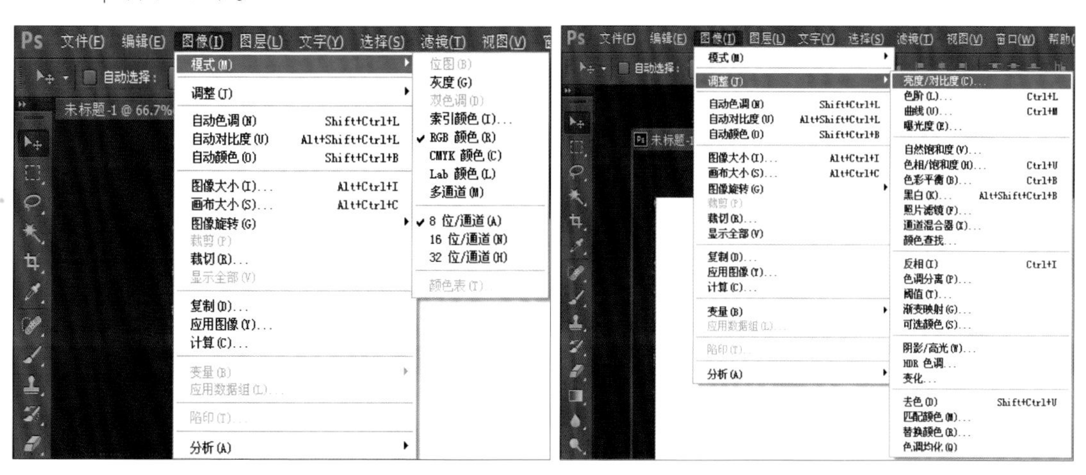

图1-34

（1）“模式”命令。

位图颜色模式：将图像转换为位图模式会使图像减少到两种颜色，从而大大简化图像中的颜色信息并减小文件大小。在将彩色图像转换为位图模式时，先将其转换为灰度模式。这将删除像素中的色相和饱和度信息，而只保留亮度值。但是，由于只有很少的编辑选项可用于位图模式图像，通常先在灰度模式下编辑图像，然后再将它转换为位图模式。

50%阈值：将灰色值高于中间灰阶（128）的像素转换为白色，将灰色值低于该灰阶的像素转换为黑色。结果将是高对比度的黑白图像。

图案仿色：通过将灰阶组织成白色和黑色网点的几何配置来转换图像。

扩散仿色：通过使用从图像左上角开始的误差扩散过程来转换图像。如果像素值高于中间灰阶（128），则像素将更改为白色；如果低于该灰阶，则更改为黑色。因为原像素很少是纯白色或纯黑色，所以不可避免地会产生误差。此误差将传递到周围的像素并在整个图像中扩散，从而导致粒状、类似胶片的纹理。该选项对于在黑白屏幕上查看图像很有用。

半调网屏：模拟转换后的图像中半调网点的外观。在“半调网屏”对话框中输入值：在“频率”中输入一个网频值，并选取测量单位。线/英寸的取值范围可以是1～999，而线/厘米的取值范围为

0.400～400。可以输入小数数值。网屏以线/英寸（lpi）为单位指定半调网屏的精度。该频率取决于打印所用的纸张和印刷类型。报纸通常使用85线网屏。杂志使用更高分辨率的网屏，如133 lpi和150 lpi。请与印刷公司核实正确的网屏。

输入-180到+180的网角值（单位为度）。网角是指网屏的取向。连续色调和黑白半调网屏通常使用45度角。对于“形状”，选取想要的网点形状。

注意：①半调网屏成为图像的一部分。如果在半调打印机上打印图像，打印机将使用其自身的半调网屏以及作为图像一部分的半调网屏。在某些打印机上，打印结果为波纹图案。

②在位图模式下，图像的每个通道包含1位。必须先将16或32位/通道的图像转换为8位灰度模式，然后才能将其转换为位图模式。

③灰度颜色模式：灰度模式中的像素都是介于黑色与白色之间的256种灰度值的一种，使用黑白或灰度扫描仪生成的图像通常以灰度模式显示。

④双色调颜色模式：双色调相当于用不同的颜色来表示灰度级别，其深浅由颜色的浓淡来实现。双色调模式中支持多个图层，但它只有一个通道，所以所有的图层都将以一种色调进行显示。注意：图像在转换为双色调模式之前，必须先转换为灰度模式。

⑤索引颜色模式：索引颜色模式用最多256种颜色生成8位图像文件，如图所示。由于调色板很有限，因此，索引颜色可以在保持多媒体演示文稿、Web 页等的视觉品质的同时，减少文件大小（图1-35）。

（a）原图　　（b）灰度模式

（c）位图：72 dpi.图案仿色　　（d）位图：300 dpi.半调网屏

图1-35

⑥RGB颜色模式：基于自然界中三原色的加色混合原理，通过对红（Red）、绿（Green）和蓝（Blue）3种基色的各种值进行组合来改变像素的颜色。

⑦CMYK颜色模式：是一种印刷模式。其中4个字母分别指青（Cyan）、洋红（Magenta）、黄（Yellow）、黑（Black），在印刷中代表4种颜色的油墨。

⑧LAB颜色模式：Lab颜色是以一个亮度分量L及2个颜色分量a和b来表示颜色的。因此，Lab模式也是

由3个通道组成的，它的一个通道是亮度，即L，另外两个是色彩通道，用a和b表示（图1-36）。

图1-36

⑨多通道颜色模式：在多通道模式下，每个通道都使用256级灰度。进行特殊打印时，多通道图像十分有用。多通道模式图像可以存储为PSD、PDD、EPS、RAW、PSB格式。在使用多通道模式以后，在图层调板中不再支持多个图层，在通道调板中会出现青色、洋红和黄色3个通道。

⑩8位/通道：就是每个通道（以灰度表示）的灰阶计数为256（8位）。大多数情况下，RGB、灰度和CMYK 图像的每个颜色通道包含 8位数据。对于 RGB 图像中的 3 个通道，解释为 24 位深度 RGB（8位×3通道）、8 位深度灰度（8 位×1通道）以及 32 位深度 CMYK（8位×4通道）。

⑪16位/通道：Photoshop能够读取和输入48位RGB、64位CMYK和16位灰图像（每个颜色通道16位数据）。16位通道图像提供较为精细的颜色区分，但是，文件比8位通道图像要大得多，颜色也丰富得多。

⑫32位/通道：该模式下的图像显示为彩色，图像质量高，颜色也更加丰富。

⑬颜色表：使用“颜色表”命令，可以更改索引颜色图像的颜色表。打开一幅RGB模式的图像，执行“图像”→“模式”→“索引颜色”命令。在“索引颜色”对话框中，从“调板”下拉列表中选择“自定”选项，即可弹出“颜色表”对话框（图1-37）。

图1-37

颜色表的下拉列表中可以选取预定义颜色表。自定：创建指定的调色板。黑体：显示基于不同颜色的调板，从黑色到红色、橙色、黄色和白色。灰度：显示基于从黑色到白色的256个灰阶的调板。色谱：显示基于白光穿过棱镜所产生的颜色的调色板，从紫色、蓝色、绿色到黄色、橙色和红色。系统（Mac OS）：显示标准的 Mac OS 256色系统调板。系统（Windows）：显示标准的 Windows 256 色系统调板。

（2）“调整”命令。

在“调整”菜单中包括多个颜色调整命令，用以调整图像明暗关系以及整体色调（图1-38）。

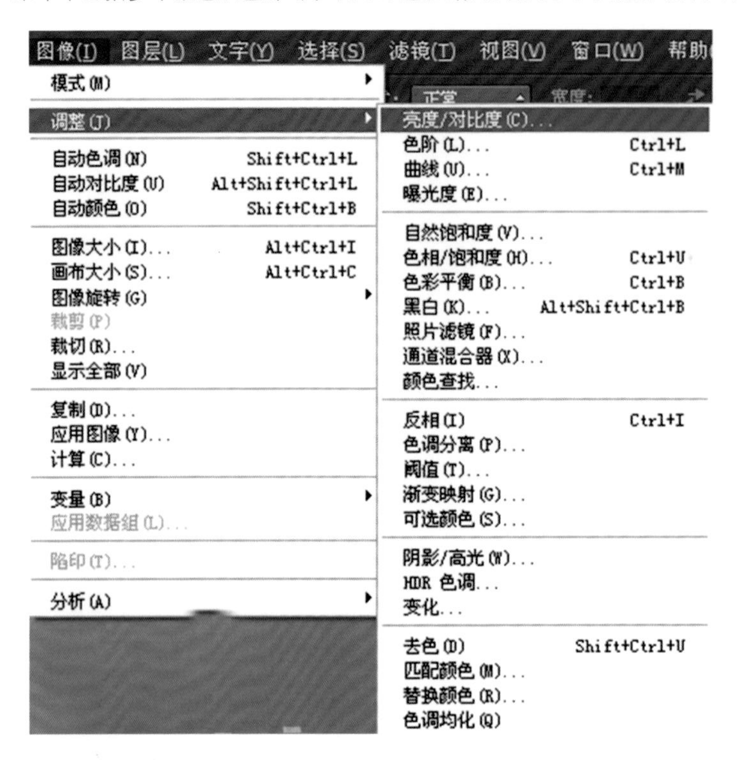

图1-38

为了方便对“调整”菜单的理解，把“调整”命令分成几个部分来讲解。

①自动调整命令。自动调整命令包括3个命令，直接选中命令即可调整图像的对比度或色调。

a.“自动色阶”命令：将红色、绿色、蓝色3个通道的色阶分布扩展至全色阶范围。这种操作可以增加色彩对比度，但可能会引起图像偏色（图1-39）。

b.“自动对比度”命令：以RGB综合通道作为依据来扩展色阶的，因此增加色彩对比度的同时不会产生偏色现象。也正因为如此，在大多数情况下，颜色对比度的增加效果不如自动色阶明显。

c.“自动颜色”命令：除了增加颜色对比度以外，还将对一部分高光和暗调区域进行亮度合并。最重要的是，它把处在128级亮度的颜色纠正为128级灰色。正因为这个对齐灰色的特点，使得它既有可能修正偏色，也有可能引起偏色。“自动颜色”命令只有在RGB模式图像中有效（图1-40）。

②简单颜色调整。在Photoshop中，有些颜色调整命令不需要复杂的参数设置，也可以更改图像颜色。例如：“去色”“反相”“阈值”命令等（图1-41）。

a.“去色”命令：是将彩色图像转换为灰色图像，但图像的颜色模式保持不变（图1-42）。

调整前

调整后

图1-39

调整前

调整后

图1-40

b.“阈值”命令：是将灰度或者彩色图像转换为高对比度的黑白图像，其效果可用来制作漫画或版刻画（图1-43）。

c.“反相”命令：是用来反转图像中的颜色。在对图像进行反相时，通道中每个像素的亮度值都会转换为256级颜色值刻度上相反的值。例如值为255时，正片图像中的像素会被转换为0，值为5的像素会被转换为250（图1-44）。

> 提示：反相就是将图像中的色彩转换为反转色，比如白色转为黑色，红色转为青色，蓝色转为黄色等。效果类似于普通彩色胶卷冲印后的底片效果。

d.“色调均化”命令：是按照灰度重新分布亮度，将图像中最亮的部分提升为白色，最暗部分降低为黑色（图1-45）。

e.“色调分离”命令：可以指定图像中每个通道的色调级或者亮度值的数目，然后将像素映射为最接近的匹配级别（图1-46）。

图1-41

图1-42

图1-43

图1-44

图1-45

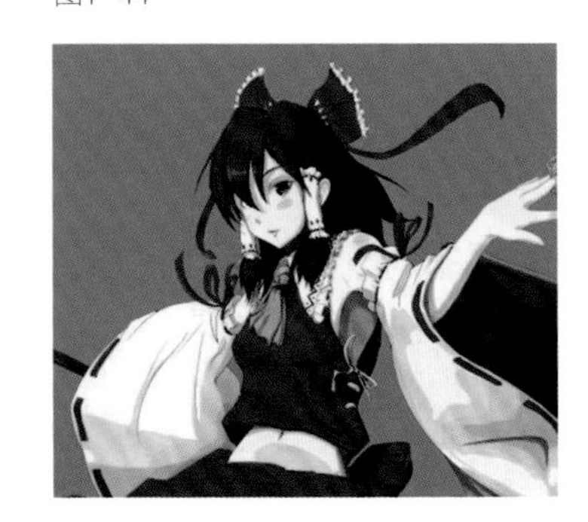

图1-46

③明暗关系调整。对于色调灰暗、层次不分明的图像，可使用针对色调、明暗关系的命令进行调整，增强图像色彩层次。

a.“亮度/对比度”命令：可以直观地调整图像的明暗程度，还可以通过调整图像亮部区域与暗部区域之间的比例来调节图像的层次感。

b.“阴影/高光”命令：能够使照片内的阴影区域变亮或变暗，常用于校正照片内因光线过暗而形成的暗部区域，也可校正因过于接近光源而产生的发白焦点。

“阴影/高光”命令不是简单地使图像变亮或变暗，它基于阴影或高光中的周围像素（局部相邻像素）增亮或变暗。正因为如此，阴影和高光都有各自的控制选项。当启用“显示其他选项”复选框后，对话框中的选项将发生变化（图1-47）。

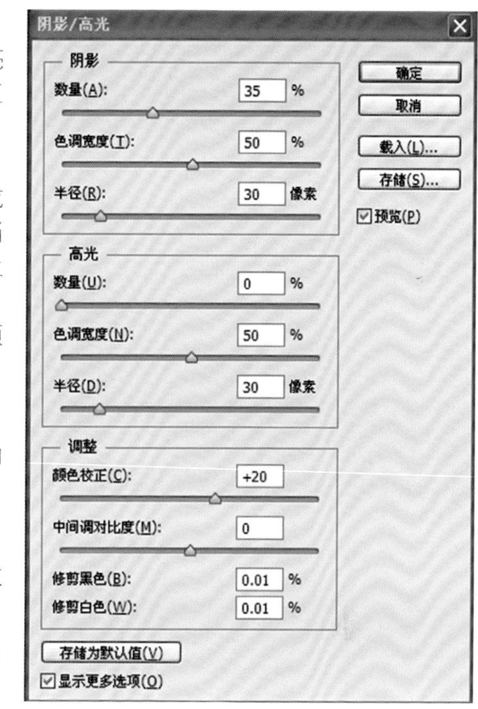

图1-47

参数值越大，图像中的阴影区域越亮；“高光”选项组中的“数量”参数值越大，图像中的高光区域越暗。

可用来控制阴影或者高光中色调的修改范围。

半径：可用来控制每个像素周围的局部相邻像素的大小。

颜色校正：该命令在图像的已更改区域中微调颜色，此调整仅适用于彩色图像。例如，通过增大阴影“数量”滑块的设置，可以将原图像中较暗的颜色显示出来。这时可以使这些颜色更鲜艳，而图像中阴影以外的颜色保持不变。

中间调对比度：该参数可调整中间调中的对比度。向左移动滑块会降低对比度，向右移动会增加对比度。

修剪黑色和修剪白色：这两个参数是指在图像中会将多少阴影和高光剪切到新的极端阴影和高光颜色。百分比数值越大，生成图像的对比度越大。在设置过程中不要使剪贴值太大，因为这样做会减小阴影或者高光的细节。

技巧：如果要还原原来的默认设置，可以在按住【Shift】键的同时单击【存储为默认值】按钮。

存储为默认值：在所有参数设置完成后，要想将这些参数替换该命令原来的默认参数，可以在对话框底部单击“存储为默认值”按钮存储当前设置。

c.“曝光度”命令：可以对图像的暗部和亮部进行调整，常用于处理曝光不足的照片（图1-48）。

图1-48

曝光度：该参数栏可以调整照片的高光区域，可以使照片的高光区域增强或减弱。当滑块向左移动时，图像逐渐变黑；当滑块向右移动时，高光区域中的图像越来越亮。

注意：移动“曝光度”滑块时，在一定范围内，对最暗区域的图像没有影响，只有超过这个范围，特别是当数值为正数时，才会受其影响。

位移：“位移”参数也就是偏移量，该参数栏用于决定照片中间调的亮度。参数越大中间调越亮，反之亦然。

灰度系数校正：在默认情况下，该参数栏的数值为1.00，数值范围为0.10～9.99。当滑块向右移动时，图像表现出类似白纱的效果。

吸管工具：使用这3个吸管工具，可以在不设置参数情况下调整图像明暗关系。

④矫正图像色调。“色彩平衡”与“可选颜色”命令的作用相似，均可对图像的色调进行矫正。不同之处在于前者是在明暗色调中增加或者减少某种颜色；后者是在某个颜色中增加或者减少颜色含量。

a.“色彩平衡”命令：可以改变图像颜色的构成。它是根据在校正颜色时增加基本色，降低相反色的原理设计的。例如，在图像中增加黄色，对应的蓝色就会减少；反之就会出现相反效果。打开一幅图像，执行“图像”→“调整”→“色彩平衡”命令，弹出“色彩平衡”对话框。更改各颜色区域的颜色值，可恢复图像的偏色效果（图1-49）。

图1-49

颜色参数：当选中某一个颜色范围后，可在该设置区域调整所需要的颜色。

提示：当滑块向某一颜色拖近时，是在图像颜色中加入该颜色，所以显示的颜色是与原来颜色综合的混合颜色。

这3个单选按钮可以分别调整图像阴影、中间调以及高光区域的色彩平衡。

亮度选项：启用该选项后，可在不破坏原图像亮度的前提下调整图像色调。

b.可选颜色：可以校正偏色图像，也可以改变图像颜色（图1-50）。一般情况下，该命令用于调整单个颜色的色彩比重。

颜色：“颜色”选项可以选择要调整的颜色，如绿色、红色或中性色等。

颜色参数：通过使用“青色”“洋红”“黄色”“黑色”这4个滑块可以针对选定的颜色调整其色彩比重。

调整方法：“可选颜色”命令是在一定范围内增加或者减少印刷色数量，但是这个范围可以更改，方法就是启用该命令对话框中的“相对”或者“绝对”选项。

图1-50

相对：方法是按照总量的百分比更改现有的青色、洋红、黄色或者黑色的量。例如，从50%红色的像素开始添加10%，则5%将添加到红色，结果为55%的红色。

绝对：方法是采用绝对值调整颜色。例如，如果从50%的黄色像素开始，然后添加10%，黄色油墨会设置为总共60%。

⑤整体色调转换。一幅图像虽然具有多种颜色，但总体会有一种倾向，是偏蓝或偏红，是偏暖或偏冷等，这种颜色上的倾向就是一幅图像的整体色调。在Photoshop中可以轻松改变图像整体色调的命令有“照片滤镜”“匹配颜色”以及“变化”命令等。

a.“照片滤镜”命令：通过模拟相机镜头前滤镜的效果来进行颜色参数调整，该命令还允许选择预设的颜色应用于图像以进行色相调整（图1-51）。

图1-51

图1-52

b.“渐变映射”命令：将设置好的渐变模式映射到图像中，从而改变图像的整体色调。执行“图像”→“调整”→“渐变映射”命令，弹出对话框，其中“灰度映射所用的渐变”选项，默认显示的是前景色与背景色。

在默认情况下，“渐变映射”对话框中的“灰度映射所用的渐变”选项显示的是前景色与背景色，并且设置前景色为阴影映射，背景色为高光映射。随着工具箱中前景色与背景色的更改，打开的对话框会随之变化。当鼠标指向渐变显示条上方时，显示“点按可编辑渐变”提示，单击弹出“渐变编辑器”对话框，这时就可以添加或者更改颜色，生成三色或者更多颜色的图像，就是三色渐变映射效果（图1-52）。

c.“匹配颜色”命令：可以将一个图像的颜色与另一个图像中的色调相匹配，也可以使同一文档不同图层之间的色调保持一致（图1-53）。

异文档匹配：匹配不同图像中颜色的前提是必须打开2幅图像文档，然后选中想要更改颜色的图像文档，执行“图像”→“调整”→“匹配颜色”命令，在对话框的“源”下拉列表中选择另外一幅图像文档名称，完成后直接单击“确定”按钮，目标图像就会更改为源图像中的色调。

使用图像选区匹配颜色：在默认情况下，“匹配颜色”命令是采用参考图像中的整体色调匹配目标图像的。当参考图像中存在选区时，“匹配颜色”对话框中的“使用源选区计算颜色”选项呈可用状态，启用该选项后，目标图像会更改为源图像选区中的色调。

图1-53

同文档匹配：在没有选区的情况下，如果目标图像文档中包括两个或者两个以上图层，同样不需要第二个图像文件。这时只要在“图层”列表中选择目标图像文件中的另外一个图层即可。

d.“变化”命令：通过显示替代物的缩览图，通过单击缩览图的方式，直观地调整图像的色彩平衡、对比度和饱和度（图1-54）。

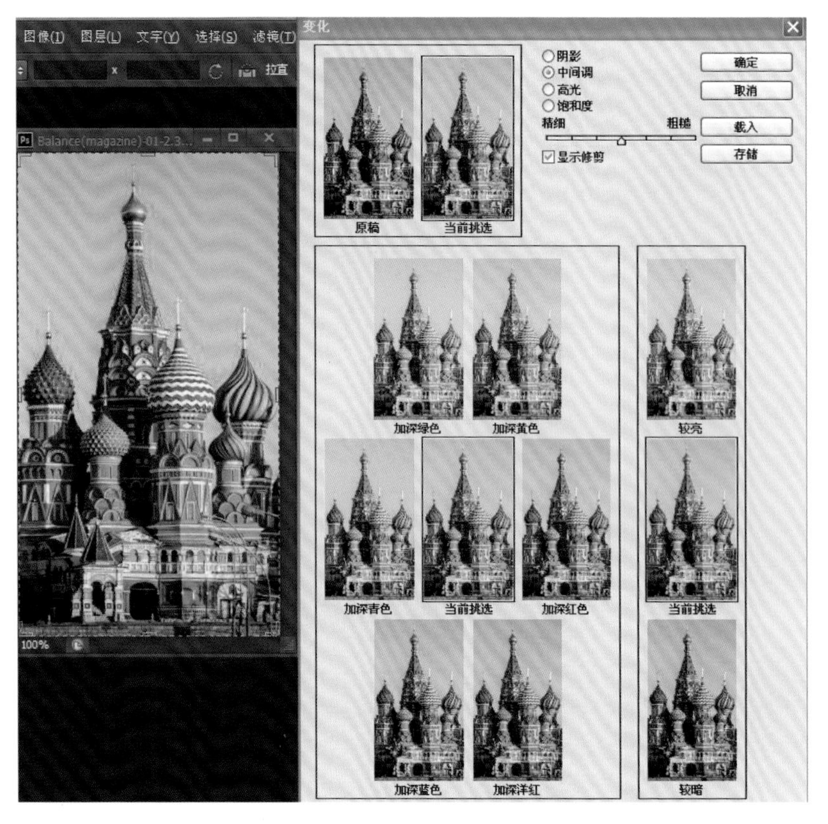

图1-54

⑥调整颜色三要素。任何一种色彩都有它特定的明度、色相和纯度。而使用“色相/饱和度”与“替换颜色”命令可针对图像颜色的三要素进行调整。

a.“色相/饱和度”命令：可以调整图像的色彩及色彩的鲜艳程度，还可以调整图像的明暗程度。

“色相/饱和度”命令具有两个功能：首先能够根据颜色的色相和饱和度来调整图像的颜色，可以将这种调整应用于特定范围的颜色或者对色谱上的所有颜色产生相同的影响。其次是在保留原始图像亮度的同时，应用新的色相与饱和度值给图像着色，如图1-55所示。

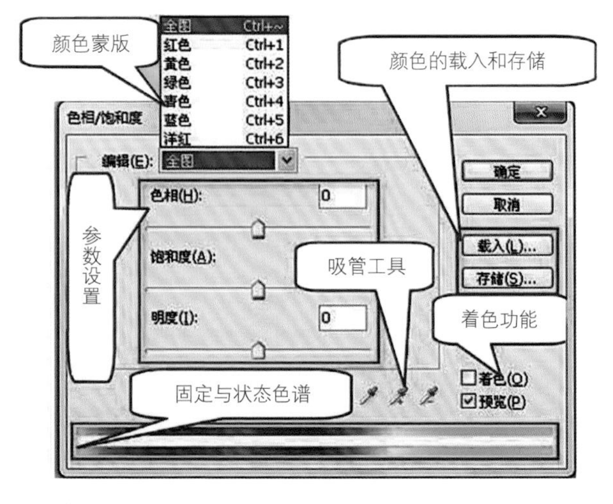

图1-55

色相：顾名思义即各类色彩的相貌称谓，如大红、普蓝、柠檬黄等。该选项可以用来更改图像的色相。

饱和度：该选项用于增强图像的色彩浓度。

明度：该选项用于调整图像的明暗程度。

着色：该选项可以将一个色相与饱和度应用到整个图像或者选区中。启用“着色”选项，如果前景色是黑色或者白色，则图像会转换成红色色相。

如果前景色不是黑色或者白色，则会将图像色调转换成当前前景色的色相。这是因为启用“着色”选项后，每个像素的明度值不改变，而饱和度值则为25。根据前景色的不同，其色相也随之改变。

颜色蒙版：可以专门针对某一种特定颜色进行更改，而其他颜色不变，那就是颜色蒙版。在该选项中可以对红色、黄色、绿色、青色、蓝色、洋红6种颜色进行更改。

在对话框的“编辑”下拉列表中默认的是全图颜色蒙版，选择除全图选项外的任意一种颜色，比如红色。然后保持其他选项参数不变，将“饱和度”参数设置为65，发现花朵部分的色彩浓度增强（图1-56）。

图1-56

b.“替换颜色”命令：与刚介绍过的“色相/饱和度”命令中的某些功能相似，它可以先选定颜色，然后改变选定区域的色相、饱和度和亮度值。

打开一幅图像，执行“图像”→“调整”→“替换颜色”命令，弹出“替换颜色”对话框（图1-57）。

图1-57

选取颜色：想要更改的颜色显示，可以双击该色块，打开“选择目标颜色”对话框选择一种颜色。

颜色容差：拖移“颜色容差”滑块或者输入一个值来调整蒙版的容差。此滑块控制选区中包括哪些相关颜色的程度。

吸管工具：打开“替换颜色”对话框后，默认情况下，选取颜色显示的是前景色，这时可以使用“吸管工具”在图像中单击选取要更改的颜色。还可以通过“添加到取样”按钮以及“从取样中减去”按钮调整选区的颜色范围。

替换：该选项组用于结果颜色的显示以及对结果颜色的色相、饱和度和明度的调整。

⑦调整通道颜色。在Photoshop中通过颜色信息通道调整图像色彩的命令有“色阶”“曲线”与“通道混合器”命令，他们可以用来调整图像的整体色调，也可以对图像中的个别颜色通道进行精确调整。

a.“色阶”命令：可以调整图像的阴影、中间调和高光的关系，从而调整图像的色调范围或色彩平衡（图1-58）。

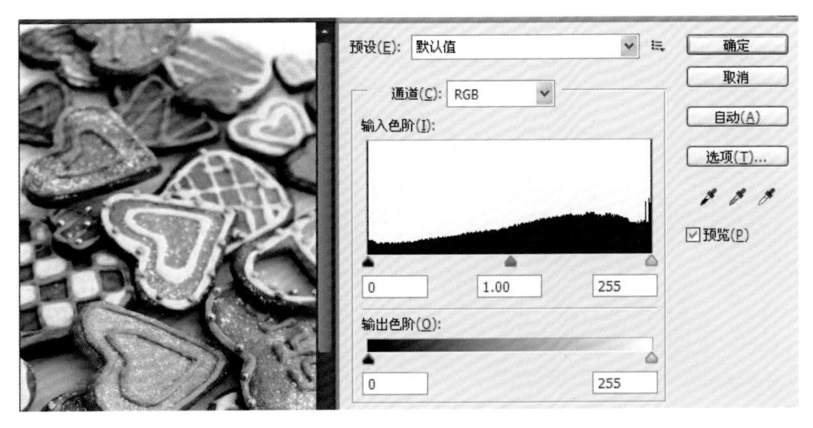

图1-58

通道：该选项是根据图像模式而改变的。可以对每个颜色通道设置不同的输入色阶与输出色阶值。当图像模式为 RGB 时，该选项中的颜色通道为 RGB，即红、绿与蓝；当图像模式为 CMYK 时，该选项中的颜色通道为 CMYK，即青色、洋红、黄色与黑色。

选项：单击该按钮可以更改自动调节命令中的默认参数。

b.“曲线”命令：执行“图像”→“调整”→“曲线”命令，弹出“曲线”对话框。“曲线”命令能够对图像整体的明暗程度进行调整。在该对话框中，色调范围显示为一条笔直的对角基线，这是因为输入色阶和输出色阶是完全相同的（图1-59）。

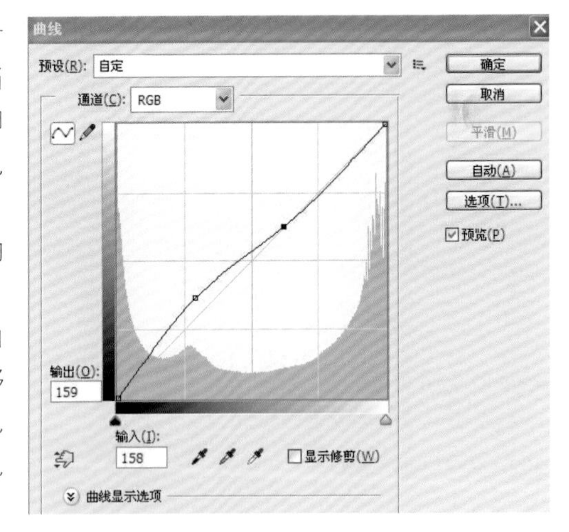

图1-59

c.“通道混合器”命令：

执行“图像”→“调整”→“通道混合器”命令，弹出“通道混合器”对话框。

“通道混合器”是利用图像内现有颜色通道的混合来修改目标颜色通道，从而实现调整图像颜色的目的。

预设：在该下拉列表中包括软件自带的几种预设效果选项，它们可以创建不同效果的灰度图像。

输出通道：该选项可以用来选择调整所需的颜色。

源通道：4个滑块可以针对选定的颜色调整其色彩比重。

常数：此选项用于调整输出通道的灰度值。负值增强黑色像素，正值增强白色像素。当参数值设置为-200%时，将使输出通道成为全黑；当参数值设置为+200%时，将使输出通道成为全白。

单色：启用“通道混合器”对话框中的“单色”复选框可以创建高品质的灰度图像。需要注意的是启用“单色”复选框，将彩色图像转换为灰色图像后，要想调整其对比度，必须是在当前对话框中调整，否则就会为图像上色（图1-60）。

（3）“复制”命令：可以将当前的图像文档复制，即创建图像的副本。

（4）“应用图像”命令：可利用图层的混合模式，将图像的不同图层和图像之间的通道组合成新图像（图1-61至图1-63）。

使用“应用图像”命令混合图像时，2张图片大小必须完全相同。“应用图像”命令不但可以混合2张图片，而且还可以对单张图片的复合通道和单个通道进行混合，实现特殊的效果。

（5）“计算”命令：通过通道利用计算命令计算出精确选区，再应用图像命令调整色彩。混合模式

通道混和器
预设(S): 无
确定
输出通道(O): 红
取消
预览(P)
源通道
红色(R): +100 %
绿色(G): 0 %
蓝色(B): 0 %
总计: +100 %
常数(N): 0 %
单色(H)

图1-60

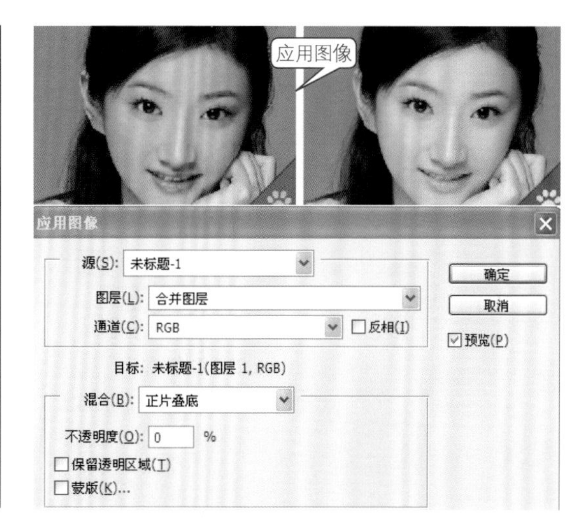

图1-61

图1-62

图1-63

是计算命令的灵魂，使用计算命令的目的是选择。

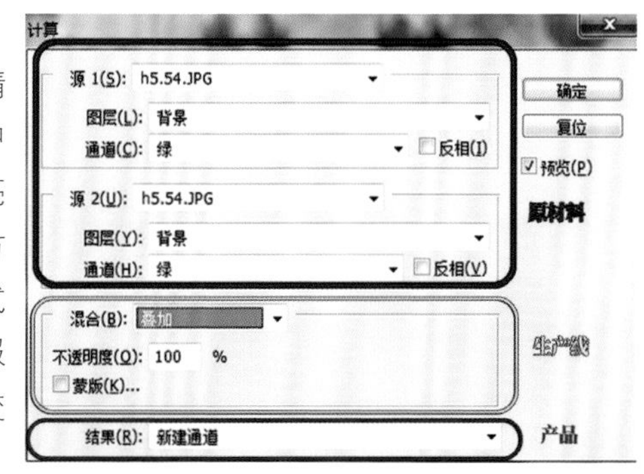

图1-64

计算命令的最大价值在于它提供了一种强大的精确的选择方式。这种方式不同于初学者常用的工具箱中的传统选择方式（如套索），它以像素自身属性（如亮度、色相、饱和度等）为出发点，通过一系列确定的方式，决定像素的取舍，并将这种取舍以通道图像的形式表现出来，并最终以选择的形式，为用户的图像处理服务。所以，不要认为计算命令那令人眼花缭乱的图像变化只是为了得到什么特殊效果，最主要的用途还是为了将得到的图像作为选择，并且在选择的帮助下，使用户能够精确地改变图像。计算命令是一个加工厂，它的原料是各种各样的选择（选区、蒙版、通道），产品是新的通道（文档、选区）。而混合模式则是生产线。即同样的原材料被送上不同的生产线生产出不同的产品（图1-64）。

提示：

在探索“计算”命令的过程中，许多人常常会陷入这样的三不知困境：不清楚自己需要什么产品（选择），对原材料的特点了解不深（选择什么样的通道），对生产工艺（混合方式）一无所知。在这种情况下，要得到满意的结果，恐怕只有靠运气了。

在所有的要素中，最重要的是混合模式，它是“计算”命令的灵魂。混合模式是这样一种奇妙的东西：在不了解其实质之前，它是一剂迷魂的汤药，可一旦掌握规律，它又是一柄锋利的宝剑，为用户选择之路披荆斩棘。

“变暗”与“变亮”：在“计算”命令中，二者常常相伴，用于将某些亮度特征隔离开来。这两种模式在Lab模式下尤其有用，因为Lab通道有两个颜色通道。

Lab模式的颜色通道为“a”“b”，在直方图中，红和绿分别占据“a”通道的亮区和暗区，黄和蓝分别占据“b”通道的亮区和暗区。依靠“变亮”和“变暗”模式，结合50%灰通道，可以方便地分4种颜色。

案例：如图1-65所示是一张郁金香图片，其中红、绿和黄是画面的主色调。如果使用常规的“色相/饱和度”命令的色相滑块调整绿色，使叶子更加碧绿，会发现绿色的调整并不同步，当原始图像上绿色较饱和的区域已经发蓝，绿色不饱和的区域依然没有改变。这是一种图像处理中马太效应的表现。事实上，图片中草地部分与其说是绿色，其中黄色的成分更大一些。然而调整黄色不可避免地要影响郁金香花的黄色。虽然有些熟练使用“色相/饱和度”命令的用户会使用吸管小心翼翼地将这些黄色排除在外，这种操作人为的因素还是太多。读者可以打开“色相/饱和度”命令，分别在“绿色”和“黄色”分色模式下拖动色相滑块，体会这一常规调整方法的利弊。

图1-65

更有效的方法是在Lab模式下改变“a”和“b”颜色通道，对于这种画面为红绿对比的图像尤其适合。一般来说，风景类图像比较适合在Lab模式下进行处理。

图1-66

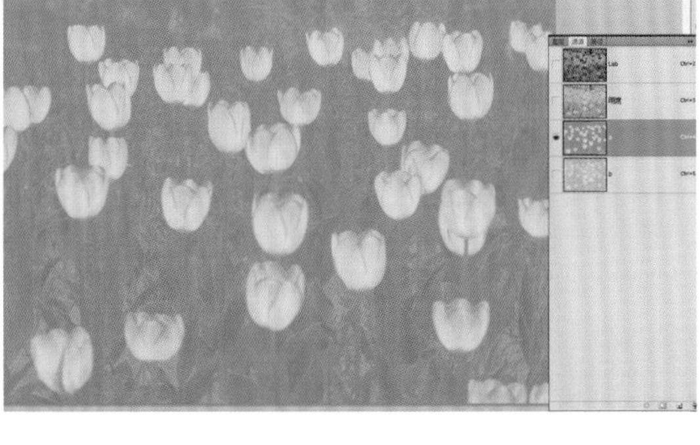

图1-67

第一步：执行“图像→模式”命令，将图像模式由RGB转换为Lab模式（图1-66）。

第二步：不要急着进行下一步操作，在图像处理中，观察有时是更为重要的操作。Lab模式是不常用到的颜色模式，观察它的各个通道，尤其是颜色通道的步骤必不可少，因为相对于“明度”通道这种符合人们视觉习惯的图像来说，“a”“b”颜色通道的这种只表示颜色分布的通道图像就像天书一样难以辨认（图1-67）。

“a”通道中有两种颜色：红和绿。以50%为界，通道图像上大于50%灰色区域（暗调）为绿色，越暗的区域，表示绿色的饱和度越大；通道图像上小于50%灰色区域（高光）为红色，越亮的区域，表示红色的饱和度越大。由于图像上的红色郁金香花非常鲜艳，读者可以从“a”通道图像上分辨出较亮的花朵形状。

对于“b”通道来说，因为本例中不需要调整，没有贴出图示和分析，不过建议读者也捎带观察一下“b”通道，加深对这个蓝黄通道的直观印象。

第三步：建立一个新通道并使用“编辑”菜单中的“填充”命令填充为50%灰色。

这一步很重要，50%灰色图层就像一个筛子，过滤掉一种颜色，保留另一种颜色（图1-68）。

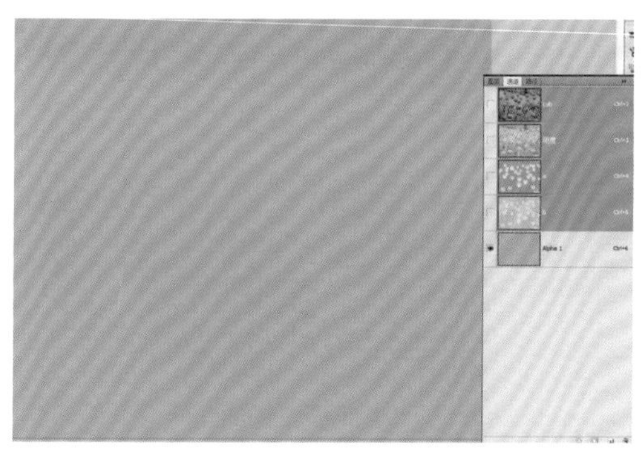

图1-68

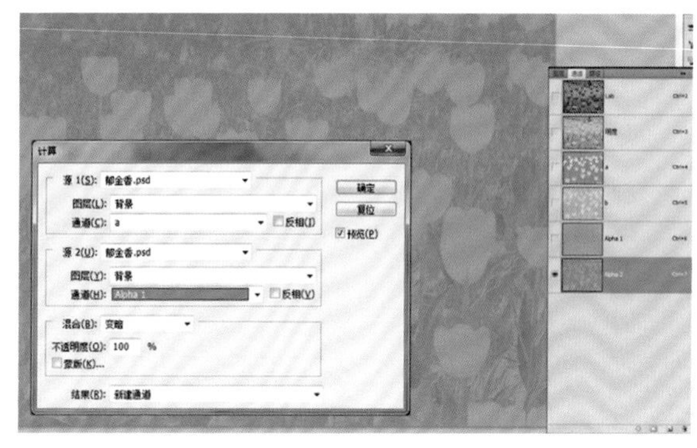

图1-69

第四步：使用“计算”命令，首先明确使用这个命令干些什么。

在本例中，我们想单独调整绿色而不要影响其他颜色，那么就需要一个基于“a”通道的选择，在这个选择中，只有绿色，没有红色。在“a”通道中，这意味着所有比50%灰色亮的区域都要变为50%灰色。接下来，我们将用“计算”命令达到这一目的。两个源通道分别设置为“Alphal”和“a”（根据“变暗”和“变亮”模式的性质，这两个通道谁先谁后没有差别），混合模式为“变暗”。“Alphal”通道像一把砍刀，砍去了“a”通道的高光部分，读者可以从计算得到的“Alpha 2”的通道图像上看到郁金香花朵变为50%灰色（图1-69）。

第五步：有了“Alpha 2”通道，我们就可以对“Alphal”通道进行一番改造，使图像中的绿色更绿。首选单击“a”通道，呈现的将是“a”通道的灰度图像。单击Aab复合通道前的眼睛图标使之可见，这样我们就可以在单独编辑一个通道的同时观察到彩色图像发生的变化（图1-70）。

图1-70

第六步：对“a”通道使用“应用图像”命令，如下图所示进行设置，通道为“Alpha 2”，混合模式为“叠加”。

提示：

“计算”得到的“Alpha”通道无疑是作为选择使用的，但使用选择的方法却并不仅仅只有载入通道作为选区使用这一条途径。对于“Alphal”这类以“50%灰色”为基准点的灰度图来说，使用“应用图像”命令中的“叠加”模式是一个不错的选择。

“叠加”是一个增大反差的模式，使亮者越亮，暗者越暗，但由于“Alphal”“Alphal 2”通道的所有像素都大于50%灰色，因此只能使“a”通道的暗区越暗，反映在彩色图像上，图像中的绿色得到加强，红色的花朵丝毫不受影响。观察“a”通道的直方图，以直方图中间为界，左侧的绿色区域由于叠加了“Alphal 2”而扩展，右侧的红色区域没有丝毫变化（图1-71）。

（6）“图像大小”命令：可以修改图像的分辨率、像素大小和尺寸大小。尺寸相同的图像，其分辨率越高图像越清晰，反之亦然（图1-72）。

图1-71

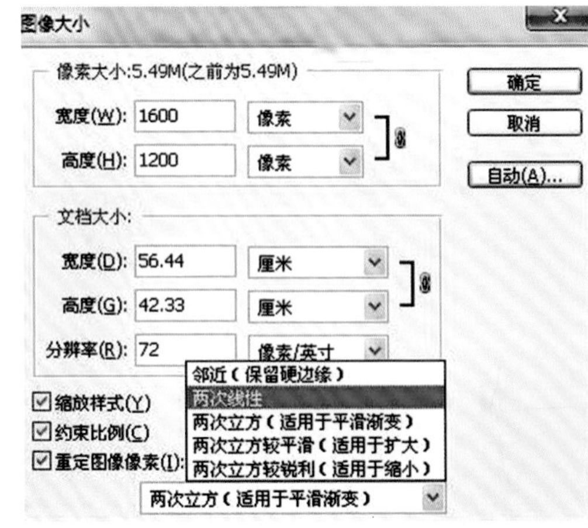

图1-72

像素大小选项组：用于显示图像“宽度”和“高度”的像素值，如果在其右侧的列表框中选择“百分比”选项，即以占原图的百分比为单位显示图像的“宽度”和“高度”。

文档大小选项组：用于设置更改图像的“宽度”“高度”和“分辨率”，可以在文本框中直接输入数值，其右侧列表框可以设置单位。

缩放样式：在调整图像大小时，按比例缩放效果。

约束比例：启用该复选框时可以约束图像“高度”与“宽度”的比例，即改变“宽度”的同时“高度”也随之改变。当禁用该复选框后，“宽度”和“高度”后面的链接图标将会消失，表示改变任一项数值都不会影响另一项。

重定图像像素：禁用该复选框时，图像像素固定不变，而可以改变尺寸和分辨率；启用该复选框时，改变图像尺寸和分辨率，图像像素数值会随之改变。

自动：单击“自动”按钮，弹出“自动分辨率”对话框，可以设置输出设备的网点频率。

（7）“画布大小”命令：可以扩展画布，也可以裁切画布。执行“图像”→“画布大小”命令，直接输入宽高即可。

（8）“旋转画布”命令：可以根据需要随意旋转图像的角度。180度：执行该命令后，可以将画布整个旋转180度。90度（顺时针）：执行该命令后，可以将画布整个顺时针旋转90度。90度（逆时针）：执行该命令后，可以将画布整个逆时针旋转90度。水平翻转画布：执行该命令后，可以将整个画布水平翻转。垂直翻转画布：执行该命令后，可以将整个画布垂直翻转。

（9）“裁剪”命令：和工具栏中的裁剪工具一样。

1.4.4 图层菜单

Photoshop图层菜单中的命令可以实现对图层的大多数编辑，如新建、合并、删除等操作（图1-73）。

（1）“新建”命令：使用“新建”命令中的子命令，可实现新建图层、组或背景图层的操作。

图层：选择该命令，可打开“新建图层”对话框，创建出新的图层。

背景图层：该命令可将“背景”图层转化为普通图层，如果文档中没有“背景”图层，选中一个图层，执行该命令后将其转换为“背景”图层。

组：该命令可创建出新图层组。

从图层建立组：创建新图层组，并将选中的图层放入新建的图层中。

PS图层组的作用就像文件夹一样，把同类的图层归类放在一起，便于管理。

第一，PS图层组的作用：PS图层组的作用有两点：有效组织和管理各个图层。另外，可以缩短图层面板的占用空间。

第二，PS图层怎么建组：PS图层组的创建方式有：①单击图层面板最下面第5个按钮：创建新组，即可创建一个组。②执行“图层”→“新建”→“组”命令，也可以创建一个新组（图1-74）。

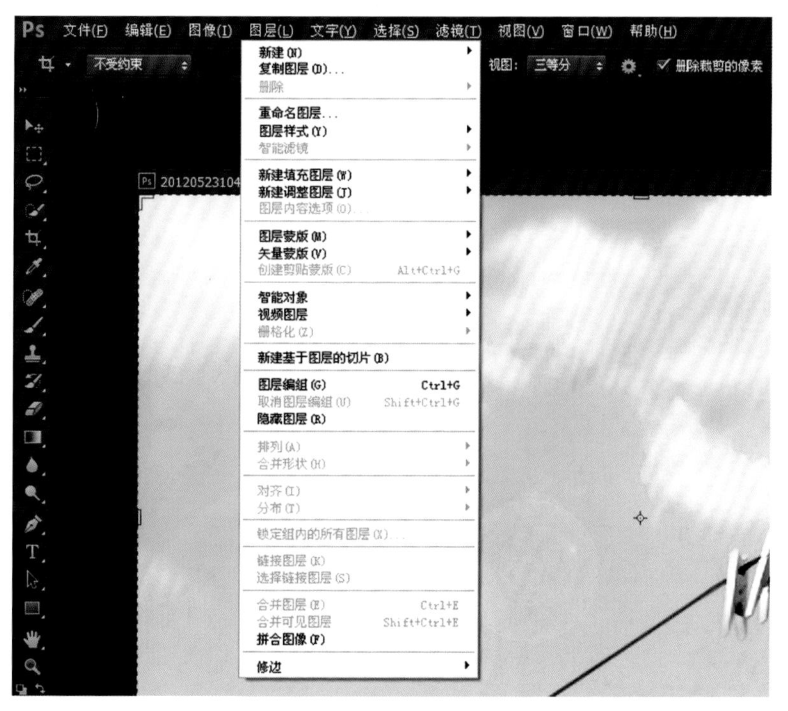

图1-73

图1-74

第三，PS复制图层组：PS复制图层组的方法很简单，在图层面板对应的组上面单击鼠标右键，选择“复制组”，即可复制图层组。图层组下面的所有图层被原样复制到另外一个新组（图1-75）。

第四，将图层移到图层组：选择需要添加到图层组的多个图层，然后按【Ctrl+G】添加到组，按【Ctrl+Shift+G】取消分组。

第五，PS图层组的展开折叠操作：制作过程中，如果图层数过多，会导致图层调板拉得很长，使得查找图层很不方便。我们可以将一个相关的一个大类放到不同的图层组中。需要的时候展开图层组，不需要的时候就将其折叠起来，无论组中有多少图层，折叠后只占用相当于一个图层的空间（图1-76）。

第六，PS图层组的重命名：刚建立的图层组，默认名称为“组1、组2”等，可以双击组的名称，给图层组来重新定义一个有实际意义的名称即可，图层组的命名和图层的命名方法完全一样。

通过拷贝的图层：使用该命令，可将当前选区内的图像直接复制并粘贴到新图层。

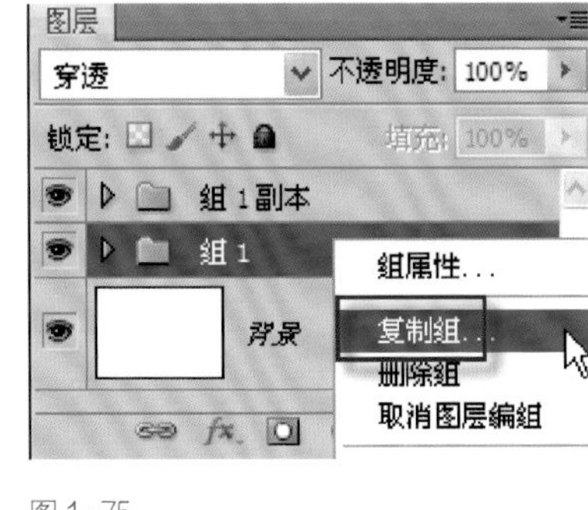

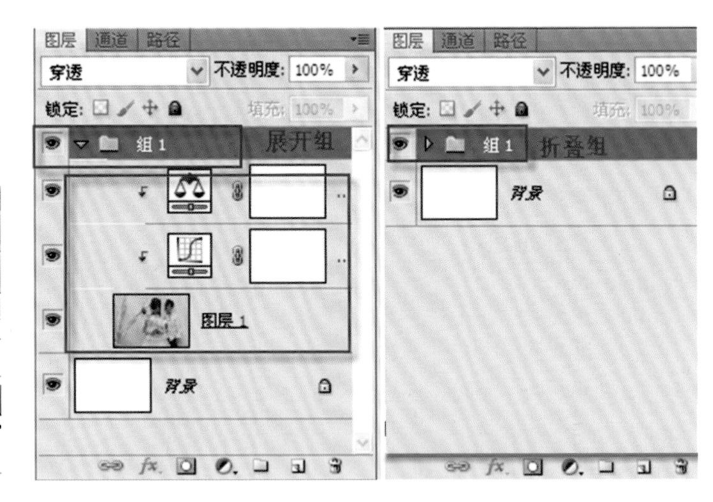

图 1-75　　图1-76

通过剪切的图层：使用该命令，可将当前选区内的图像直接剪切并粘贴到新图层。

（2）“复制图层”命令：可将图层复制到当前文档、其他打开的文档及新建文档中。执行“复制图层”命令，打开“复制图层”对话框，在对话框中可定义新图层的名称，并选择复制的目标位置。

（3）“删除”命令：其中的子命令可以将图层或隐藏的图层删除。选中图层，然后执行该命令即可。

（4）“图层属性”命令：执行“图层”→“图层属性”命令，弹出“图层属性”对话框，可在“名称”文本框中更改图层的名称，并在“颜色”列表中为图层改变颜色。

（5）“图层样式”命令：这是PS中一个用于制作各种效果的强大工具，利用“图层样式”命令，可以简单快捷地制作出各种立体投影，各种质感以及光景效果的图像特效。与不用图层样式的传统操作方法相比较，图层样式具有速度更快、效果更精确，更强的可编辑性等无法比拟的优势。

（6）“新建填充图层”命令：利用“新建填充图层”中的“纯色”“渐变”“图案”命令，可在图像中添加单色填充、渐变填充或图案填充的图层，它们单独占有一个图层，可根据需要随时调整参数或删除。

（7）“新建调整图层”命令：可为图像添加颜色，调整图层，使用的颜色命令同“调整”菜单中的颜色调整使用方法，都可对图像颜色进行调整，所不同的是“颜色调整图层”可对该图层以下所有可见图层的颜色进行调整，并可以随时打开对应的颜色调整对话框，对参数设置进行修改。

调整图层可对图像试用颜色和应用色调调整；而填充图层可向图像快速添加颜色、照片和渐变图素。如果对图像效果不满意，还可将其运行再次编辑或删除，而不会影响原始图像信息。在默认情况下，调整图层和填充图层带有图层蒙版，由图层缩览图左边的蒙版缩览图表示（图1-77）。

（8）“更改图层内容”命令：选中图像中已有的填充或调整图层，执行“更改图层内容”命令，从弹出的子菜单中选择任意调整或填充命令，可去除原来的填充或调整图层，而应用新的填充或调整图层。

（9）“图层内容选项”命令：选中添加的填充或调整图层，执行“图层内容选项”命令，可打开相应的对话框，对其中的参数设置进行修改。双击“图层”调板中调整图层的缩览图，可实现相同的操作。

（10）“图层蒙版”命令：可以对添加的图层蒙版进行相应的设置，如隐藏、删除或取消链接等。

显示全部：执行该命令后，可为当前图层添加图层蒙版，图层全部内容可显示。

隐藏全部：执行该命令后，为当前图层添加图层蒙版，图层内容将全部隐藏。

显示选区：当图像中带有选区时，执行该命令，可为当前图层添加蒙版，并将选区以外的内容全部隐藏。

隐藏选区：该命令同“显示选区”命令相反，它可将选区内容图像隐藏，而显示选区以外的部分。

删除：该命令可将选中图层的图层蒙版删除。

应用：该命令可将图层蒙版内容应用到图像中，而图层蒙版将不能再被编辑。

停用/启用：使用“停用”命令，可将图层蒙版隐藏，显示出图层蒙版隐藏的图像内容；此时“停用”命令变为“启用”命令，选择该命令，可重新启用图层蒙版，使显示的图层内容重新被隐藏。

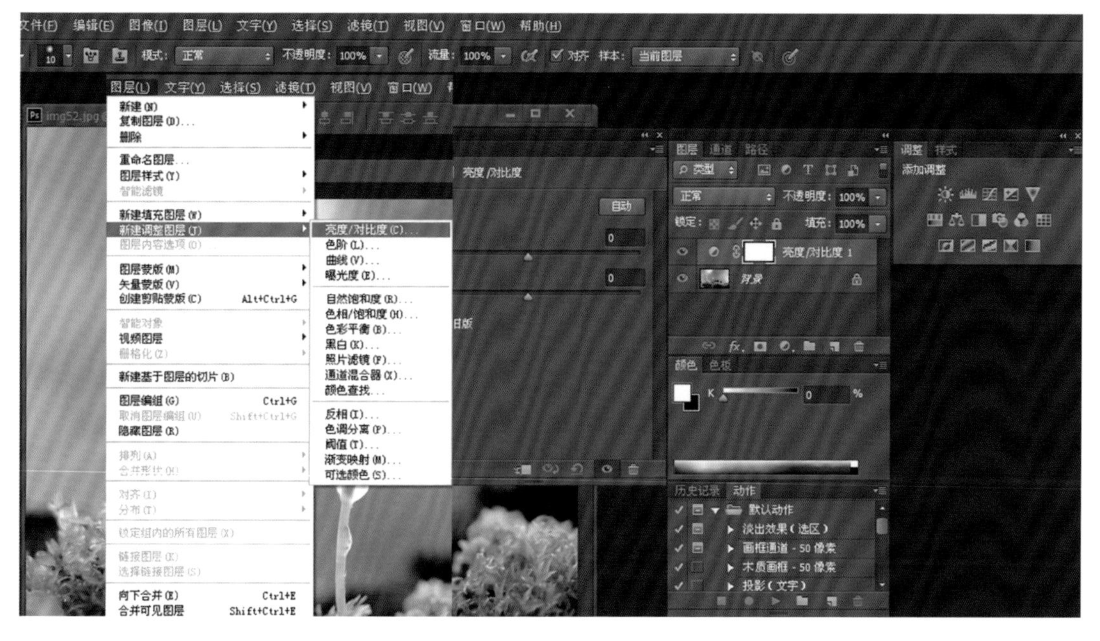

图1-77

链接/取消链接：这2个命令可控制图层内容与蒙版是否链接在一起。如取消链接，图层内容或蒙版可单独移动。

利用图层蒙版做出的合成图片（图1-78）。

图1-78

（11）“矢量蒙版”命令：针对矢量图形添加的蒙版，可控制矢量图形的显示与否。该命令下的子菜单命令与“图层蒙版”命令下的子菜单基本相同。其中“当前路径”命令可针对视图中的路径创建蒙版。

（12）“创建剪贴蒙版”命令：剪贴蒙版可使用图层的内容来遮盖其上方的图层，即上方图层中显示的内容就是下方图层的图像形状。选中要显示的图层，执行“创建剪贴蒙版”命令，创建完毕后，“创建剪贴蒙版”命令变为“释放剪贴蒙版”命令，选择该命令，恢复图层原来的状态。

（13）“智能对象”命令：包含栅格或矢量图形的图像数据图层，它可保留图像的源内容及其所有原始特性，实现对图层的非破坏性编辑。利用“智能对象”命令下的子命令，可实现创建并管理智能对象的操作。

转换为智能对象：选中图层后，执行该命令，可将选中的图层转换为智能图层。

通过拷贝新建智能对象：该命令可复制当前智能对象并创建新的智能对象图层。

编辑内容：选择该命令后，可将智能对象图层中的内容作为单独的一个文档打开以进行编辑。将文件关闭后，将在原来的文档中反映出所作的更改。

导出内容：将以智能对象的原始置入格式，如JPEG、AI、TIF、PDF或其他格式导出智能对象，如果智能对象是利用图层创建，将以PSB格式将其导出。

替换内容：可在一个或多个智能对象的实例中更新图像数据。

堆栈模式：堆栈模式基于每通道起作用，并且仅作用于非透明像素。

栅格化：应用对智能对象所作的所有修改。

（14）“文字”命令：主要针对文本内容进行各种编辑，如利用文本生成路径或形状、改变文本消除锯齿的方法等。

创建工作路径：根据文字的轮廓创建出路径，文本内容不作任何改变。

转换为形状：将文字图层转换为形状。

水平/垂直：改变文本的排列方向。

设置消除锯齿的方法：改变文本边缘消除锯齿的方法，共有5个命令可供选择，设置其以清晰或是较为平滑的状态显示。

转换为段落文本/转换为点文本：可将文本在点文本和段落文字之间切换。

文字变形：为文本添加变形效果。

更新所有文字图层：在不同版本的Photoshop中打开同一个文件时，可使用该命令对文档中的所有文本内容进行更新，这样便于编辑。

替换所有缺欠字体：执行该命令，可将当前文档中缺失的字体使用默认字体替换。

（15）“栅格化”命令：可将文字、形状、填充内容、矢量蒙版、智能对象、视频或 3D 图层栅格化，转换为普通图层。

（16）“新建基于图层的切片”命令：可创建基于图层的切片，它包括图层中的所有像素数据。当移动图层或编辑图层内容时，切片区域将自动调整以包含新像素。

（17）“图层编组”命令：选择除“背景”图层以外的一个或多个其他图层，执行“图层”→“图层编组”命令，可将选中的图层放入新建的图层组中。图层编组的主要功能是方便管理，就是建立图层文件夹，把同一内容的图层放在一起。

（18）“取消图层编组”命令:选中“图层”调板中的图层组，执行“取消图层编组”命令，可将图层组中的图层从组中取出，并将图层组删除。

（19）“显示/隐藏图层”命令：可将选中的一个或多个图层隐藏，此时“隐藏图层”命令变为“显示图层”命令，选择该命令，重新显示图层。

（20）“排列”命令：可调整图层的先后顺序。置为顶层：将选中的图层放在“图层”调板的顶部。前移一层：将选中的图层向上移动一层。后移一层：将选中的图层向下移动一层。置为底层：将选中的图层放在“图层”调板的底部。反向：选中2个或2个以上的图层，执行该命令，可反转选定图层的顺序。

（21）“对齐和分布”命令：在介绍移动工具的时候已经讲过，不再赘述。

（22）“修边”命令：可编辑不想要的边缘像素。在复制和粘贴图像的过程中，图像的轮廓可能会产生边缘或晕圈，使用该功能可去除这些效果。执行“修边”→“去边”命令，可打开“去边”对话框，将任何边缘像素的颜色，替换为距离不包含背景色图像边缘较远像素的颜色。

使用“移去黑色杂边”和“移去白色杂边”命令，可以黑色或白色背景为对照来消除图像的锯齿。

1.4.5 文字菜单

“文字”菜单中的命令主要是针对文字的编排、变化及文字与路径间的转换等操作（图1-79）。

图1-79

（1）面板：字符与段落面板的显示与隐藏。

（2）取向：文字排列的横、竖方向。

（3）创建工作路径：可以创建文字边缘路径，利用路径工具可以调整形状，再将路径转化成选区。

（4）转化为形状：文字转化成形状。

（5）栅格化文字图层：将文字转化成图层。

（6）转换为段落文本：文字在点文本和段落文本间转换；段落文本中输入文字后会在段落控制区域内自动换行并规则排列。

（7）文字变形：将文字变形成扇形、旗帜形、拱形等。

1.4.6 选择菜单

Photoshop选择菜单中的命令主要是针对选区进行各种编辑，如创建、修改或存储选区等操作（图1-80）。

（1）“全部”命令：可将当前视图全部选中。

（2）“取消选择”命令：将取消视图中的选区，若使用的是矩形选框工具、椭圆选框工具或套索工具，可在图像中单击选定区域外的任何位置取消选择。

（3）“重新选择”命令：可恢复刚取消的选区，当再创建其他选区时，该命令将不可用。

（4）“反向”命令：可将当前选区反转，即原来选框外区域变为选中的部分。

（5）“所有图层”命令：可将除“背景”图层以外的所有图层全部选中。

（6）“取消选择图层”命令：可取消对“图层”调板中任何图层的选择状态。

选择(S)　滤镜(T)　视图(V)　窗口

全部(A)　Ctrl+A
取消选择(D)　Ctrl+D
重新选择(E)　Shift+Ctrl+D
反向(I)　Shift+Ctrl+I
所有图层(L)　Alt+Ctrl+A
取消选择图层(S)
查找图层　Alt+Shift+Ctrl+F
色彩范围(C)...
调整边缘(F)...　Alt+Ctrl+R
修改(M)
扩大选取(G)
选取相似(R)
变换选区(T)
在快速蒙版模式下编辑(Q)
载入选区(O)...
存储选区(V)...

图1-80

（7）“相似图层”命令：可将与当前选中图层相同属性的其他图层全部选中（图1-81）。

这是选中的文本图层，执行该命令后，可将所有文本图层全部选中。

（8）“色彩范围”命令：可将图像中颜色相似或特定颜色的图像内容选中。执行“选择”→“色彩范围”命令，打开“色彩范围”对话框，移动鼠标到图像窗口中单击，选择要选取的颜色，按【Shift】键可加选，按【Alt】键可减选（图1-82）。

选择：该下拉列表可选取取样颜色工具，或选择现有的颜色选项以创建选区。

颜色容差：在该参数栏中输入数值或拖动滑块来调整选定颜色的范围，配合吸管工具可增加或减少部分选定像素的数量。较低的容差值将限制色彩范围，较高的容差值将增大色彩范围。

设置预览框的显示：在预览框的下面选择“选择范围”单选按钮，可预览由于对图像中的颜色进行取样而得到的选区。其中白色区域为选定的像素，黑色区域为未选定的像素，灰色区域是部分选定的像素。若选中“图像”单选按钮，可预览整个图像。

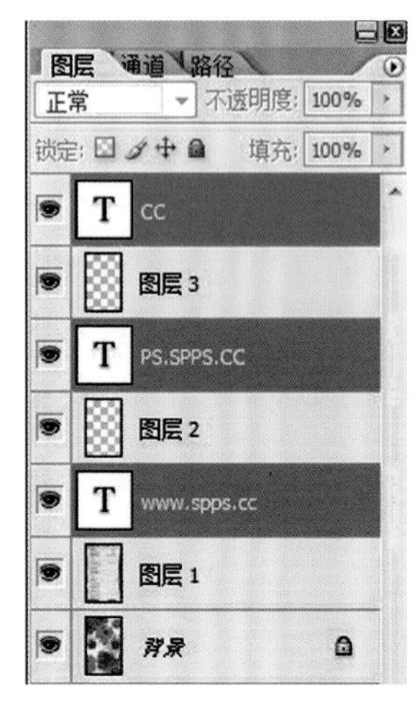

图1-81

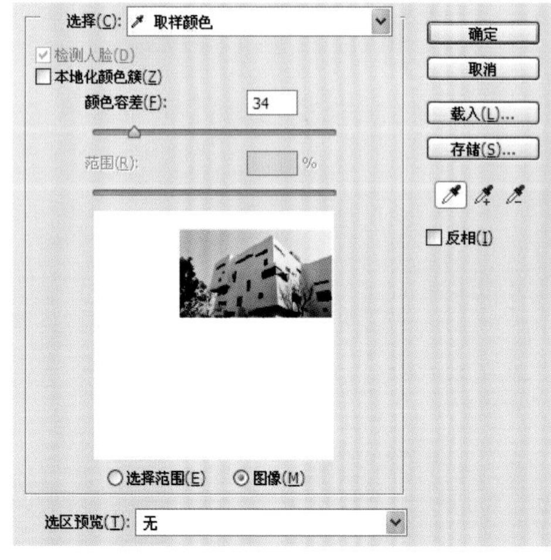

图1-82

选区预览：在图像中创建预览选区。

（9）“扩大选取”命令：当图像中存在有选区时，执行“扩大选取”命令，可以将包含所有位于魔棒选项中指定容差范围内的相邻像素选中。

（10）“选取相似”命令：当图像中存在有选区时，执行“选取相似”命令，可选取包含整个图像中位于容差范围内的所有图像像素，而不只是相邻的像素。

（11）“变换选区”命令：可在选区的边框上添加变换框，与执行“自由变换”命令相同的操作方法，对选区进行变换处理。

（12）“载入选区”命令：可以将指定图层或通道的选区载入。执行“载入选区”命令，打开“载入选区”对话框，在“文档”下拉列表中选择所选的文档，并在“通道”下拉列表中选中要载入选区的图层或通道。在“操作”选项组中可设置新选区与已有选区的关系。

（13）“存储选区”命令：可以将选区存储为Alpha 通道，以便下次编辑时应用。执行该命令，打开“存储选区”对话框，将新通道存储在当前文档或新建文档中，并为新通道命名。

1.4.7 滤镜菜单

“滤镜”菜单如图1-83所示。

（1）上次滤镜操作：当对图像执行过滤镜功能之后，这项命令自动变成上次滤镜的名称，单击可以再次执行上次滤镜，相当于上次滤镜的一个快捷功能。

（2）抽出：这是一个功能很奇特的命令，它可以将一个前景对象从它的背景中分离出来，但是必须在同一个图层上工作。

“抽出”滤镜的意义在于处理有柔和或模糊边界的图像，使用抽出滤镜可以将图像从背景中剪切出来，自动消除背景，转换成透明像素。对图像执行“抽出”命令，需要确定三类信息，分别是需要删除的信息、需要保留的区域和包含前两个区域之间的过渡区。

案例

第一步：按【Ctrl+O】键打开一幅素材图像文件（图1-84）。

第二步：在Photoshop CS6菜单栏执行“滤镜”→“抽出”命令，打开“抽出”对话框（图1-85）。

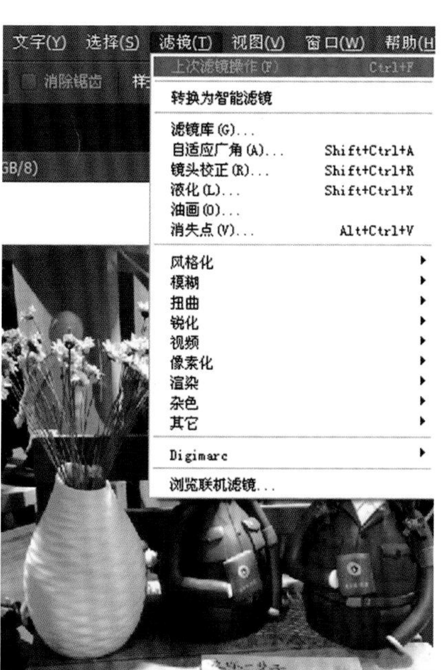

图1-83

图1-84

图1-85

"边缘高光器工具"：用于标记所要保留的区域边缘。

①工具选项。

a. 画笔大小：在列表框中输入数值和通过拖曳滑块来设置指定工具的画笔大小。

b. 高光：使用边缘高光器工具时，可以在高光的下拉列表中任选一种颜色用于表示突出显示的颜色。在默认状态下是绿色。

c. 填充：用于油漆桶填充工具填充颜色，默认为蓝色。

d. 智能高光显示：选择该项，则在使用边缘高光器工具绘制图像边缘时，Photoshop CS6自动选择合适画笔大小。

②抽出选项命令参数。

a. 平滑：通过拖曳滑块或直接输入数值，设置提取边缘的平滑程度。

b. 通道：如果文件之间没有Alpha通道，可以在这里选取作为提取的边缘。

c. 强制前景：选择此项，可以用吸管工具在提取边缘上吸取一个颜色作为前景色，则在提取边缘的图像时，该颜色将被强制保留下来。

第三步：点击抽出滤镜左边工具栏的第一个工具："边缘高光器工具"，沿着美女的头发边缘进行绘制。右侧的数值面板可以调整画笔的粗细和颜色。原则是画笔越细，抠出的图的边缘也越精准。在抠的过程中配合放大镜（快捷键【Z】）和抓取工具（快捷键【H】）进行操作，可以节省时间（图1-86）。

第四步："橡皮擦工具"：可以擦除上图中多余的边缘高光。

第五步：点击抽出滤镜左边工具栏的第二个工具："填充工具"，在想要留下的头发部分点击填充一下，默认颜色为蓝色（图1-87）。

第六步：填充好后，单击"预览"按钮，在预览状态下可以对细节进行修改（图1-88）。

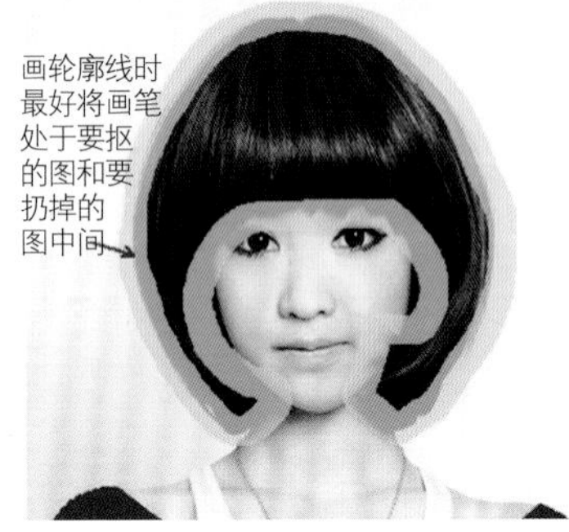

图1-86

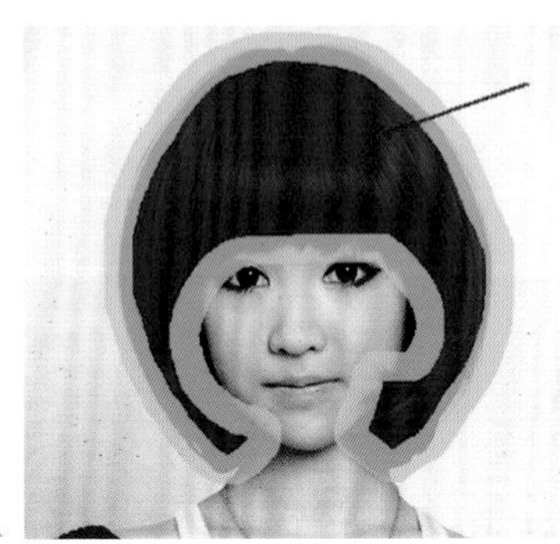
图1-87

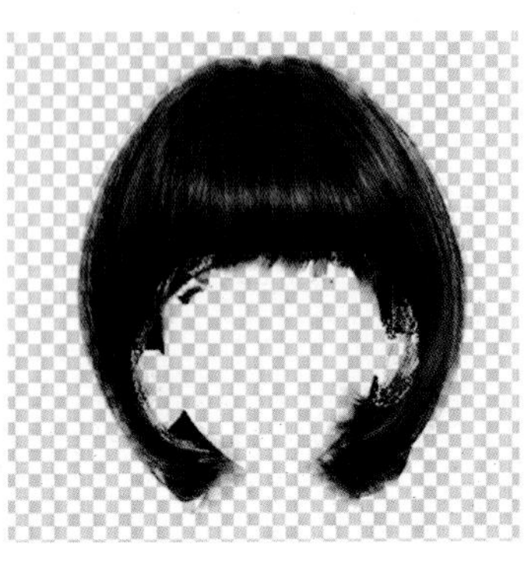
图1-88

第七步：选择"边缘修饰工具"，有的地方抠多了，可以用它来恢复。使用"边缘修饰工具"在美女头发边缘按住鼠标左键来回涂抹即可，可以按数字键0～9更改压力，数字越大，压力越大，效果越明显。涂抹后效果（图1-89）。

第八步：选择"清除工具"，按住鼠标左键来回涂抹，将不想要的部分去掉。单击"确定"按钮，得到最终美女头发抽出效果（图1-90）。

（3）滤镜库：滤镜库中有大部分内建滤镜的命令选项，主要是艺术效果和纹理特效，外挂的滤镜和一些例如扭曲、渲染的滤镜组不在内。滤镜组分文件夹归类，而且每个滤镜有缩图效果，一点即现（图1-91）。

（4）液化：此命令使预览图中的像素看起来就像流体一样能产生流动的效果。利用它提供的工具，可以轻松地制作出扭曲、旋转、膨胀、萎缩、移位和镜像变形效果，利用Mesh（网格）还能看到变形前后的对比图。

（5）艺术效果：该滤镜组共包括15种不同的滤镜，可以产生传统绘画、自然媒体及其他不同风格的艺术效果（图1-92）。

（6）模糊：此滤镜组共包括5种滤镜，通过改变图片的模糊对比度来柔化图像（图1-93）。

图1-89

图1-90

图1-91

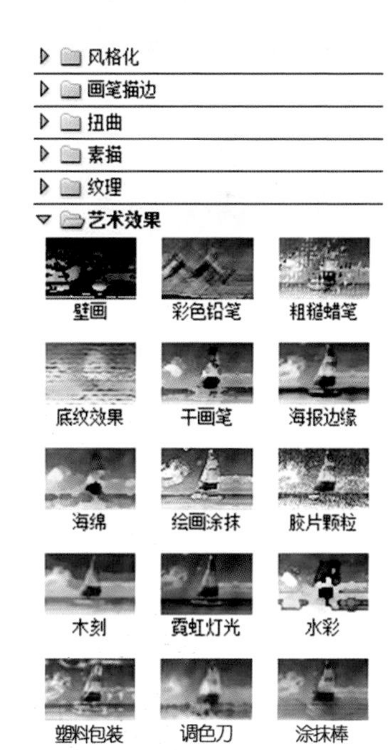

图1-92

（7）画笔描边：此滤镜组共包括8种滤镜，它们提供产生绘画效果的另一种方法，通过为图像添加颗粒、画斑、杂色、边缘细节或纹理使图像产生各种各样的绘画效果。

（8）扭曲：此滤镜组共包括12种不同的滤镜，对图像产生扭曲和变形，产生奇妙的效果。有些滤镜产生的变形很大，完全失去了原来图像的特点，有些滤镜作用在图像上，可以产生诸如玻璃、海浪、涟漪等效果，利用这组滤镜可以创作出充满想象力的图像作品。

（9）杂色：此滤镜组共包含4种滤镜，应用这组滤镜，可以为图像添加或减少噪点。增加噪点可以消除图像在混合时出现的色带，或者用于将图像的某一部分更好地融合于其周围的背景中，减少图像中不必要的杂色，以提高图像清晰度。

图1-93

（10）像素化：此滤镜组共包括7种滤镜，用于将图像分块，使图像看起来好像由许多单元格组成（图1-94）。

彩块化/彩色半调/点状化/
晶格化/碎 片/钢板雕刻/
马赛克效果

图1-94

（11）渲染：此滤镜组共包含5种滤镜，用于为图像添加照明、云彩以及特殊的纹理效果。

（12）锐化：此滤镜组共包含4种滤镜，通过增加相邻像素的对比度使模糊的图像清晰。

（13）素描：此滤镜组共包括14种滤镜，许多Sketch滤镜使用前景色和背景色重绘图像，产生徒手速写或其他的绘画效果（图1-95）。

（a）原图　　　（b）效果图

图1-95

（14）风格化：此滤镜组包括9种滤镜，用来创建印象派和其他画派作品的效果（图1-96）。

（15）纹理：此滤镜组包括6种滤镜，用来创建某种特殊的纹理或材质效果。

（16）视频：此滤镜组共包括两种滤镜，用来处理视频图像并将其转换为普通图像，或者将普通图像转换为视频图像。

（17）其他：此滤镜组包括不适合与其他滤镜分在一组中的6种滤镜，如自定义、最大值、最小值、偏移等。

（18）Digimarc：此滤镜组包括两种滤镜，该滤镜组的作用是将版权信息加入图像中，这些信息的存在形式是水印数字码，肉眼是看不到的。

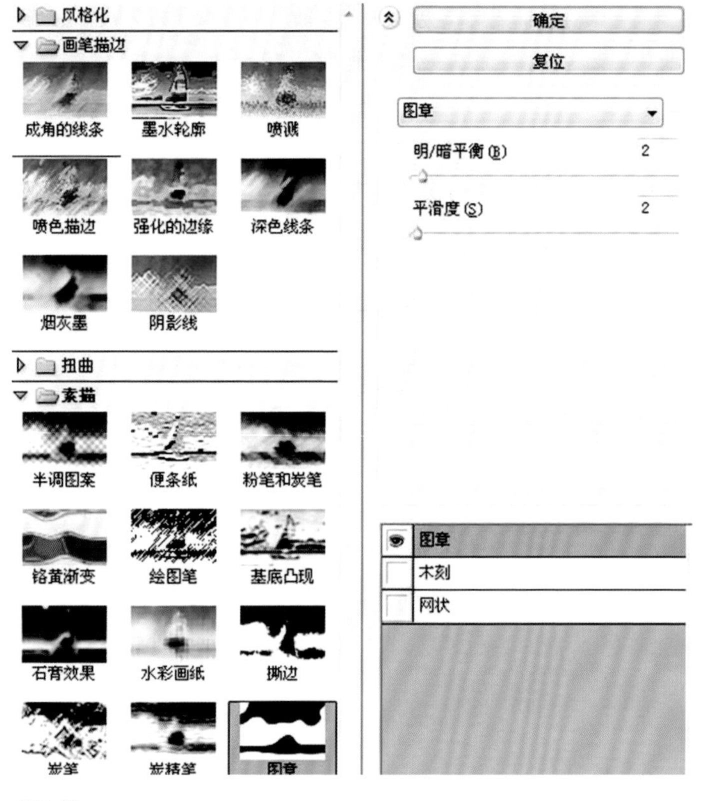

图1-96

1.4.8 视图菜单

视图菜单中的命令主要是对色彩、辅助线、标尺、图像大小等显示的管理（图1-97）。

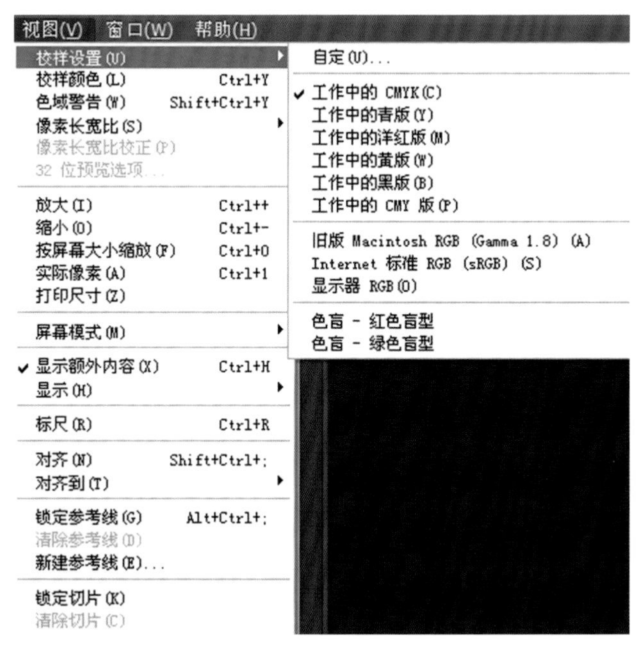

图1-97

（1）校样设置：在显示器上预览各种输出效果，即用显示器来模拟其他输出设备的图像效果，确保图像以最正确的色彩输出（即显示颜色和输出颜色更接近）。Photoshop一般默认显示图像为RGB色彩模式，RGB的色域要比CMYK的大，所以RGB转换成CMYK后图像色彩就会稍暗。转换为CMYK输出前需要再调一下色彩，看到的就将会是打印出的效果（其实也只是接近），因为一般输出设备（打印机、印刷机、写真喷绘机）都是以CMYK 4种原色配合输出。

（2）校样颜色：选择此项，显示器将模拟校样设置中设置的输出预览效果；不选此项，显示器显示图像的正常效果。

（3）色域警告：当不能用打印机准确打印出颜色时，系统将用灰色遮盖，并出现警告提示，适用于RGB和Lab颜色模式。

（4）像素纵横比修正：当修改一个像素值时，另一个像素值会根据图像定义的像素比，进行等比改变。如果设置的宽高比是2：3，宽拉4个像素，高就会有6个像素。

（5）放大：放大当前图像的显示比例。

（6）缩小：缩小当前图像的显示比例。

（7）满画布显示：根据文件窗口的大小缩放图像。

（8）实际像素：以100%的比例显示图像，而不受屏幕大小的影响。

（9）打印尺寸：改变图像的像素点数目以满足打印需要，可以增加像素点提高分辨率，该项不受屏幕大小的影响。

（10）屏幕模式：选择界面的显示模式。

（11）显示额外内容：显示或隐藏“显示”子菜单中选中的选项。

（12）显示：显示或隐藏子菜单中的选项。

①选区边缘：显示选区边界。②目标路径：显示目标路径。③网格：显示网格。④参考线：显示参考辅助线。⑤切片：显示切图分区。⑥注释：显示注解标记。⑦全部：显示所有可显示的线条。⑧无：隐藏所有显示选项。⑨显示额外选项：打开显示额外选项属性对话框。

（13）标尺：显示标尺线，进行较为精确的处理。

（14）对齐：用来开启或关闭全部的已经选定的锁定方式。

（15）对齐到：对齐锁定到子菜单中的选项。

（16）锁定参考线：锁定图像中的参考线。

（17）清除参考线：清除图像中的参考线。

（18）新参考线：建立新的参考线。

（19）锁定切片：锁定图像中的切图线。

（20）清除切片：清除图像中的切图线。

切片的作用：网络上由于网速影响，而图片数据又相对较大，如果是插入一张整图，或许在开网页时会等待很久才显示出这张图。如果用PS把这张大图切为很多块分别保存，每张图的数据量就小了很多。在打开网页时，先读完数据的图片就先显示出来，给人感觉等待的时间变少了，实际比起来，这种方式的确比直接插入整张图显示得快一点。保存时存为Web的html格式，PS会自动生成一个html的页面，把页面打开复制代码，插入需要的地方就可以了。

1.4.9 窗口菜单

窗口菜单中的命令主要是对浮动面板、工具等控制面板的显示与隐藏控制（图1-98）。工作区的命令都可以选择显示/隐藏该命令的控制面板。

窗口中“排列”命令对文件窗口进行控制，其下包含下列选项。

层叠：执行该命令后，打开的文件将以层叠的方式排列在窗口中。

拼贴：执行此命令后，打开的文件将以平铺的方式排列在窗口中。

排列图标：重新排列窗口中的所有图标。

缩放匹配：将打开的几个文件匹配相同的显示比例。

位置匹配：将打开的几个文件匹配相同的显示位置。

缩放和位置匹配：将打开的几个文件同时匹配相同的显示比例和位置。

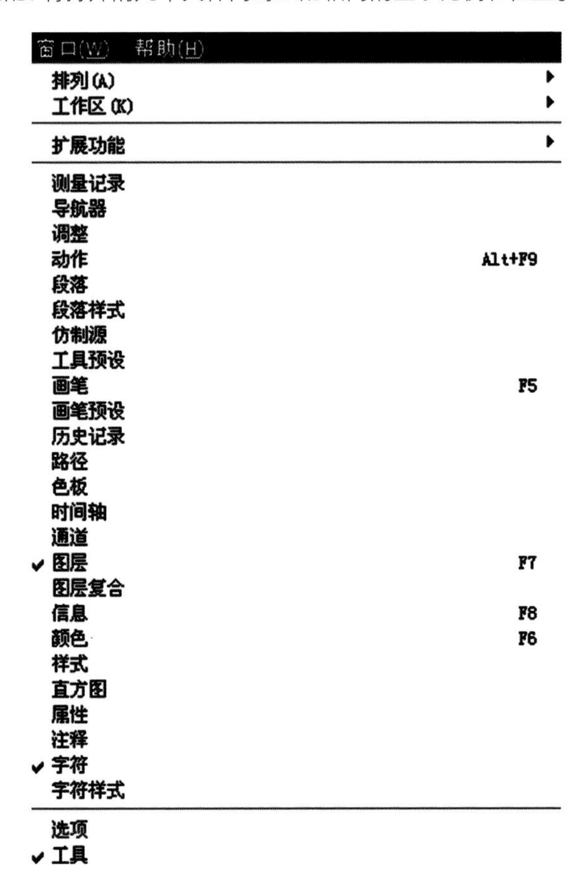

图1-98

任务二

Photoshop常用技能点运用

教学目的和要求

（1）了解路径、蒙版、通道特点，运用原理。

（2）掌握钢笔工具和路径工具抠图、创建对象的方法；掌握路径与选区间的转换方法。

（3）掌握利用蒙版创建选区，从而获得新选区与效果的方法。

（4）掌握利用通道进行准确选取的方法。

教学重点

（1）路径、蒙版、通道特点与原理。

（2）路径与选区间的转换。

（3）蒙版创建选区，通道进行准确选取。

教学难点

滤镜、蒙版、通道、路径的运用方法。

P55~77

2.1 路径工具运用（以绘制水果刀为例）

2.1.1 案例绘制前的分析

（1）实践运用中，一般套绳工具与路径工具配合运用进行选择抠图；钢笔工具与路径工具配合运用进行绘制创建形状。

（2）钢笔工具属于矢量绘图工具，其优点是可以勾画平滑的曲线，在缩放或者变形之后仍能保持平滑效果。钢笔工具画出来的矢量图形称为路径，路径是矢量的，路径允许是不封闭的开放状，如果把起点与终点重合绘制就可以得到封闭的路径。

（3）不管是套绳工具还是钢笔工具，选择或绘制对象都不可能非常准确，需要转换成路径，再通过路径上的节点和锚点进行形状、弧度调整，以达到准确。

（4）路径的妙处在于可以编辑调整，可以和选区相互转换，配合使用。

（5）本案例的水果刀造型需要运用钢笔工具进行初步形状绘制，再进行路径编辑调整形状；刀锋处需要创建选区，再将选区转化为路径，调整路径弧度后再转化成选区，再进行减淡，形成金属光泽的刀锋。充分利用选区与路径间的转换。

2.1.2 具体案例绘制

（1）新建文件，背景色为黑色。创建矩形选区，将其转化为路径，也可以直接通过钢笔工具绘制路径（图2-1）。

（2）将选区转换成路径，利用转换点工具进行节点、锚点变形，做成刀面形状（图2-2）。

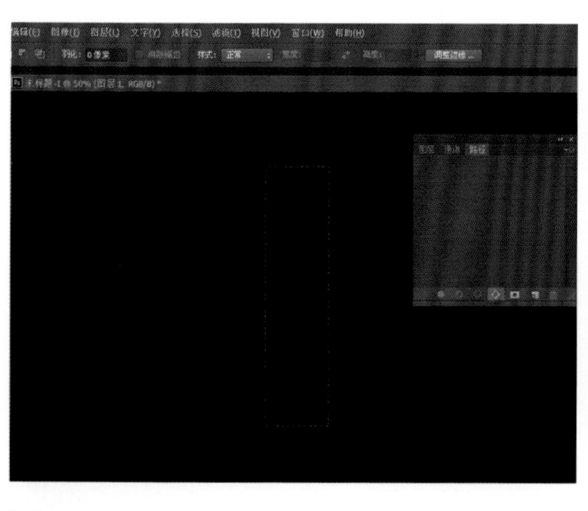

图2-1

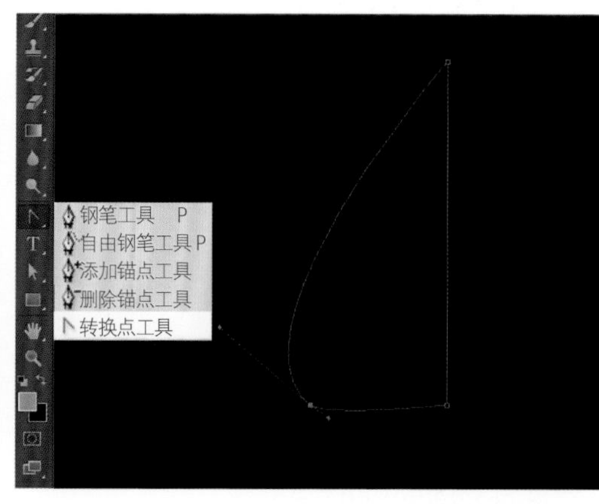

图2-2

（3）将路径转化为选区，填充渐变颜色（图2-3）。

（4）运用钢笔工具勾勒水果刀刀锋，再将路径进行编辑，然后将路径转化为选区，运用减淡工具进行减淡操作，形成金属刀锋（图2-4）。

（5）刀面做好后，接着按上面绘制形状的同样方法做刀把（图2-5）。

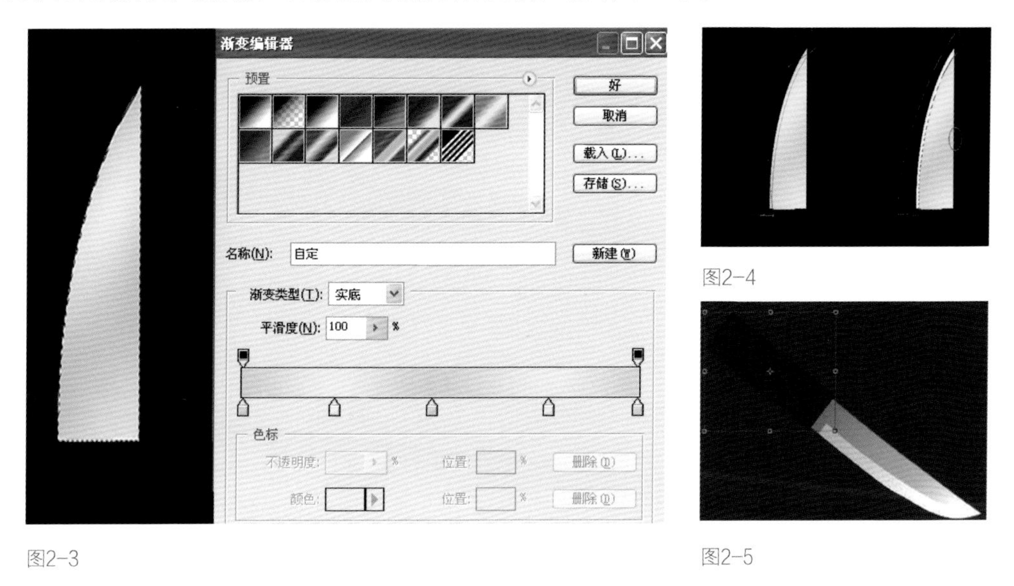

图2-3

图2-4

图2-5

（6）刀把的弧度造型同样通过钢笔工具建立路径，调整路径为刀把形状多余部分，再把路径转换为选区，再删去多余的造型部分即可（图2-6）。

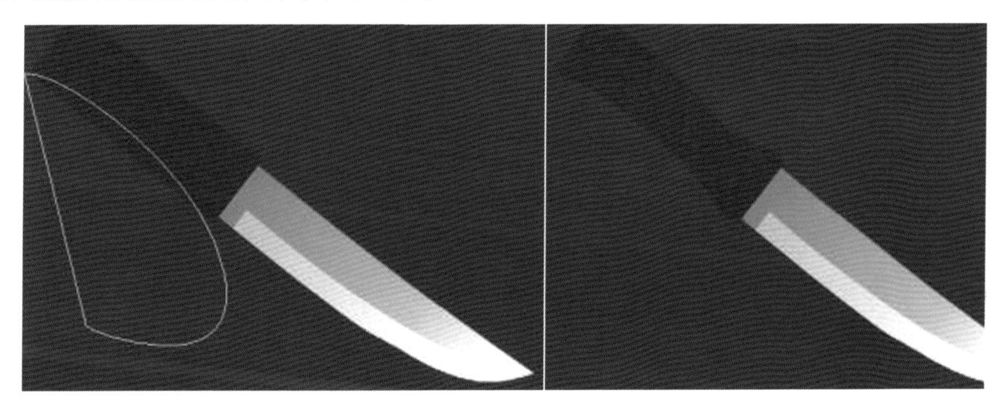

图2-6

（7）利用加深工具加深刀把边缘，突出立体感；再复制刀把图层，然后叠加，使刀把立体感更好（图2-7）。

（8）利用图层菜单的图层样式命令，对刀图层加投影（图2-8）。

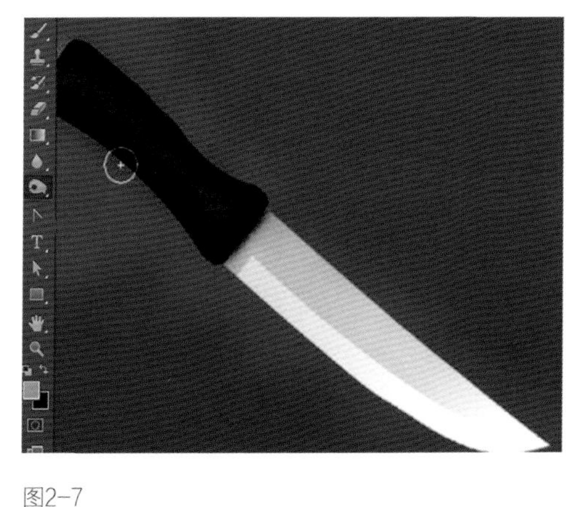

图2-7

图2-8

（9）后期可以进行金属质感的打造，造细磨后效果会更逼真。也可以尝试运用画笔工具，调整画笔大小、角度、方向后，运用前景色白色在刀尖处绘制“闪亮星星”高光，使金属锋利质感更强（图2-9）。

图2-9

2.2 蒙版工具运用（以图层融合和选区抠图为例）

2.2.1 案例绘制前的分析

（1）蒙版分快速蒙版、剪贴蒙版、路径蒙板与图层蒙版。图层蒙版最常用。Photoshop CS6中的蒙版命令在“图层”菜单下。进入快速蒙版模式可以点击工具条快速蒙版工具。

（2）蒙版可以比喻成一层雾气（或一层沙）盖在玻璃上。雾气越厚，窗外什么也不能看见，只有白茫茫一片（表示蒙版上填充白色）；但任意擦掉玻璃上一个位置的雾气，那个位置就能清晰地看到外面（表示蒙版上填充黑色）；那么如果擦不干净，就只能隐约看到外面（表示不同灰度值的不同效果）。不管你对玻璃上的雾气做什么，窗外的风景都不会随之改变，但通过玻璃看到的风景会随着雾气的变化而变化。

（3）Photoshop蒙版是灰度的，是将不同灰度色值转化为不同的透明度，并作用到它所在的图层，使图层不同部位透明度产生相应的变化。黑色为完全透明，白色为完全不透明。雾气越厚，窗外什么也不能看见，只有白茫茫一片（表示蒙版上填充白色）；但任意擦掉玻璃上一个位置的雾气，那个位置就能清晰地看到外面（表示蒙版上填充黑色）；那么如果擦不干净，就只能隐约看到外面（表示不同灰度值的不同效果）。

（4）蒙版是一种选区，但它跟常规的选区颇为不同。常规的选区只能改变形状、大小，而蒙版形成的选区及边缘可以进行羽化、大部分滤镜等效果处理，这样形成的选区带来很多特殊效果。

（5）蒙版就是选区之外的地方，用来保护选区的外部。由于蒙版所蒙住的地方是编辑选区时不受影响的地方，需要完整地保留下来，因此，在图层上需要显示出来（在总图上看得见），从这个角度来理解则蒙版的黑色（即保护区域）为完全透明，白色（即选区）为不透明，灰色介于之间（部分选取，部分保护）。

（6）蒙版的特点：①修改方便，不会因为使用橡皮擦或剪切删除而造成不可返回的遗憾；②可运用不同滤镜，以产生一些意想不到的特效；③任何一张灰度图都可用来作为蒙版。

（7）蒙版的主要作用：①抠图；②做图的边缘淡化效果；③图层间的融合。在使用Photoshop等软件进行图形处理时，常常需要保护一部分图像，以使它们不受各种处理操作的影响，蒙版就是这样一种工具，它是一种灰度图像，其作用就像一块布，可以遮盖住处理区域中的一部分，当对处理区域内的整个图像进行模糊、上色等操作时，被蒙版遮盖起来的部分就不会受到改变。

蒙版还可以达到这样的效果，当蒙版的灰度色深增加时，被覆盖的区域会变得愈加透明，利用这一特性，我们可以用蒙版改变图片中不同位置的透明度，甚至可以代替“橡皮”工具在蒙版上擦除图像，而不影响到图像本身。

（8）制作蒙版的方法：

①先制作选区，执行“选择”→“存储选区”命令，直接单击通道控制面板中的“将选区存储为通道”按钮；②利用“通道”控制面板，首先创建一个Alpha通道，然后用绘图工具或其他编辑工具在该通道上编辑，以产生一个蒙版；③制作图层蒙版；④利用工具箱中的快速蒙版显示模式工具产生一个快速蒙版。

2.2.2 衣服换图案（图层融合）案例

本案例主要运用“剪贴蒙版”命令。

（1）素材文件和效果文件对比（图2-10）。

图2-10

（2）打开原图，利用工具箱中的快速选择工具将美女的上衣选中形成蚂蚁线选区（图2-11）。

图2-11

（3）按【CTYL+J】组合键，使选择的上衣形成图层1（图2-12）。

图2-12

（4）打开水果图片，并用移动工具将其复制到上述图片中，命名为图层2，将图层2移动到顶层（图2-13）。

（5）选中图层2，点击“图层”菜单下的“创建剪贴蒙版”命令（图2-14）。

（6）图层混合模式设置为“正片叠底”（图2-15）。

（7）混合模式为“叠加”（图2-16）。

图2-13

图2-14

图2-15

图2-16

2.2.3 头发换颜色（选区）案例

本案例主要运用“快速蒙版”命令。

（1）素材文件和效果文件对比（图2-17）。

（2）打开原始文件，图层解锁，点击画笔工具，设置画笔硬度为21px（图2-18）。

（3）然后按【Q】键进入快速蒙版模式，用画笔在人物的头发上面涂抹，直到把所有的头发都涂抹完全，如果涂抹错了还可以用橡皮擦工具擦掉重新涂抹。适当结合放大缩小工具来控制（图2-19）。

图2-17

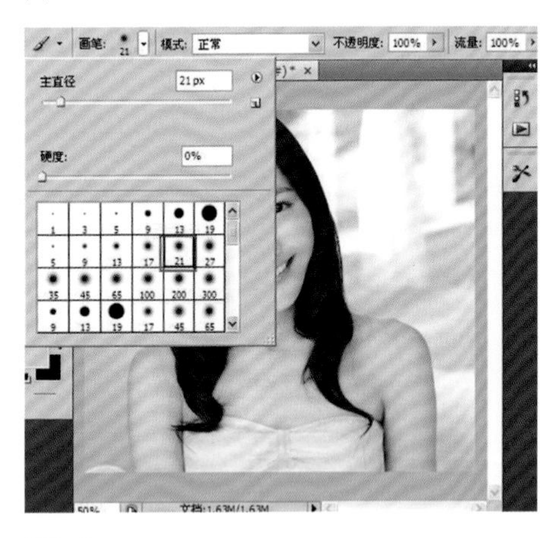

图2-18

图2-19

（4）头发涂抹完成之后，按【Q】键就可以退出快速蒙版，再按【Ctrl + shift + I】反选，选中头发（图2-20）。

图 2-20

图 2-21

（5）点击下面的创建新图层按钮新建一个图层，并填充自己喜欢的颜色，点击右边的拾取颜色板来选取自己喜欢的颜色（以栗子色为例），然后按【Shift+F5】填充（图2-21）。

（6）这样看起来很怪，头发都变成模糊的颜色。选择图层的混合模式为柔光，头发的原来层次效果就出来了，再按【Ctrl+D】键取消选择（图2-22）。

图2-22

（7）也可以把头发调整成蓝玫瑰色，最后一步就是保存输出图片，选择文件另存为，弹出一个储存图片的窗口，选择图片的格式和位置再点击确定即可（图2-23）。

图 2-23

2.3 通道运用（以复杂抠图为例）

2.3.1 案例绘制前的分析

（1）什么是通道：通道就是组成、显示、传输图片颜色信息的通路。在Photoshop学习中，你可以把通道看作图像组成成分的集合，改变某一成分集合，即可以改变整个图像。在应用功能上讲，就是选区。

（2）通道作用：在通道中，记录了图像的全部信息，这些信息从始至终与操作密切相关。

①表示选择区域，也就是白色代表的部分。利用通道，可以建立头发丝这样的精确选区。

②表示墨水强度。利用Info面板可以体会到这一点，不同的通道都可以用256级灰度来表示不同的亮度。在Red通道里的一个纯红色的点，在黑色的通道上显示就是纯黑色，即亮度为0。

③表示不透明度。

④表示颜色信息。预览Red通道，无论鼠标怎样移动，Info面板上都仅有R值，其余的都为0。

（3）通道的分类：通道作为图像的组成部分，是与图像的格式密不可分的，图像颜色、格式的不同决定了通道的数量和模式。在Photoshop中涉及的通道主要有：

①复合通道（Compound Channel）：不包含任何信息，实际上它只是同时预览并编辑所有颜色通道的一个快捷方式。它通常被用来在单独编辑完一个或多个颜色通道后使通道面板返回到它的默认状态。对于不同模式的图像，其通道的数量是不一样的。在Photoshop中，通道涉及三个模式。对于一个RGB图像，有RGB、R、G、B四个通道；对于一个CMYK图像，有CMYK、C、M、Y、K五个通道；对于一个Lab模式的图像，有Lab、L、a、b四个通道。

②颜色通道（Color Channel）：当在Photoshop中编辑图像时，实际上就是在编辑颜色通道。这些通道把图像分解成一个或多个色彩成分，图像的模式决定了颜色通道的数量，RGB模式有3个颜色通道，CMYK图像有4个颜色通道，灰度图只有1个颜色通道，它们包含了所有将被打印或显示的颜色。

③专色通道（Spot Channel）：专色通道是一种特殊的颜色通道，它可以使用除了青色、洋红（有人叫品红）、黄色、黑色以外的颜色来绘制图像。因为专色通道一般人用得较少且多与打印相关。

④Alpha通道（Alpha Channel）：计算机图形学中的术语，指的是特别的通道。有时，它特指透明信息，但通常的意思是"非彩色"通道。这是真正需要了解的通道，可以说在Photoshop中制作出的各种特殊效果都离不开Alpha通道，它最基本的用处在于保存选取范围，并不会影响图像的显示和印刷效果。当图像输出到视频，Alpha通道也可以用来决定显示区域。

⑤单色通道：这种通道的产生比较特别，也可以说是非正常的。试一下，如果在通道面板中随便删除其中一个通道，就会发现所有的通道都变成"黑白"的，原有的彩色通道即使不删除也变成灰度的了。

（4）通道的编辑（大部分情况下是特指Alpha通道）：对图像的编辑实质上是对通道的编辑。因为通道是真正记录图像信息的地方，无论色彩的改变、选区的增减、渐变的产生，都可以追溯到通道中去。

①利用选择工具：Photoshop中的选择工具包括遮罩工具（Marquee）、套索工具（Lasso）、魔术棒（Magic Wand）、字体遮罩（Type Mask）以及由路径转换来的选区等，其中包括不同羽化值的设置。利用这些工具在通道中进行编辑与对一个图像的操作是相同的。

②利用绘图工具：绘图工具包括喷枪（Airbrush）、画笔（Paintbrush）、铅笔（Pencil）、图章

（Stamp）、橡皮擦（Eraser）、渐变（Gradient）、油漆桶（PaintBucket）、模糊锐化和涂抹（Blur、Sharpen、Smudge）、加深、减淡和海绵（Dodge、Burn、Sponge）。利用绘图工具编辑通道的一个优势在于可以精确地控制笔触，从而可以得到更为柔和以及足够复杂的边缘。这里要提一下渐变工具，这种工具比较特别，相对于通道却又特别有用，针对通道而言，能带来平滑细腻的渐变。

③利用滤镜：在通道中进行滤镜操作，通常是在有不同灰度的情况下，而运用滤镜的原因，通常是因为刻意追求一种出乎意料的效果或者只是为了控制边缘。比如锐化或者虚化边缘，从而建立更适合的选区。

④利用调节工具：调节工具包括色阶（level）和曲线（curves）。在用这些工具调节图像时，对话框上有一个channel选单，在这里可以编辑颜色通道。选中希望调整的通道，按住【Shift】键，再单击另一个通道，最后打开图像中的复合通道。这样就可以强制这些工具同时作用于一个通道。

单纯的通道操作是不可能对图像本身产生任何效果的，必须同其他工具结合，如选区和蒙版（其中蒙版是最重要的），所以在使用通道时最好与这些工具联系起来，才能知道精心制作的通道可以在图像中起到什么样的作用。

2.3.2 抠火焰图案例

本案例实际操作思路：分析火焰的颜色通道组成，运用不同的颜色通道，形成不同的选区，抠出不同颜色部分的图像，最后拼合即可得到整个火焰的图像。

（1）素材文件和效果文件对比（图2-24）。

（2）打开素材原图，按【Ctrl+J】复制图层，命名为图层1（图2-25）。

（3）然后新建3个图层，分别命名为：红色、绿色、蓝色（图2-26）。

（4）选择复制的火焰图层为当前图层。进入通道面板，选择红色通道，然后载入选区（图2-27）。

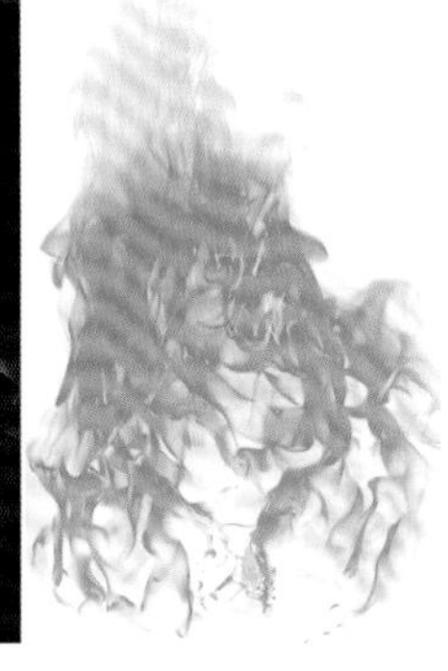

图2-24

（5）然后回到图层面板，选择红色图层，把前面的小眼睛打开，按【Shift+F5】，弹出填充对话框（图2-28）。

（6）填充颜色为纯红，R：255，G：0，B：0（图2-29）。

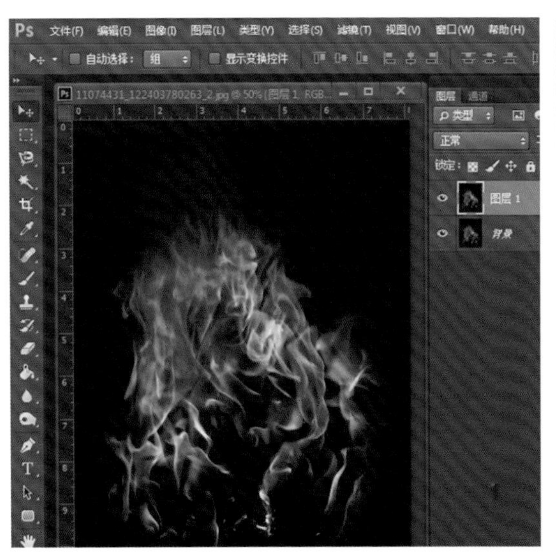

图2-25

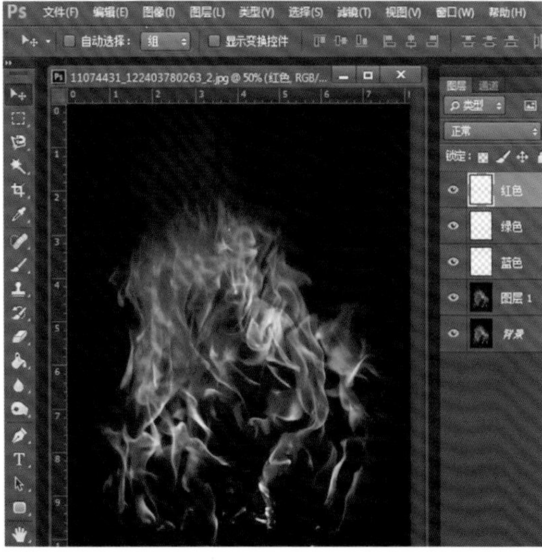

图2-26

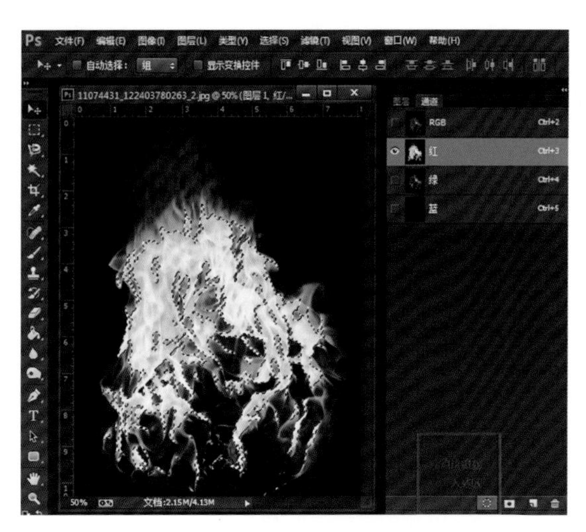

图2-27

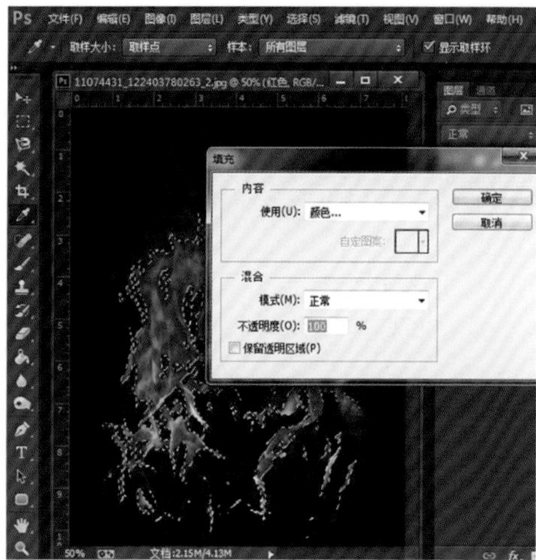

图2-28

图2-29

（7）然后按【Ctrl+D】取消选区，关闭红色图层前的小眼睛隐藏图层，然后选择图层1为当前图层（图2-30）。

（8）再次进入通道面板，选择绿色通道，载入选区（图2-31）。

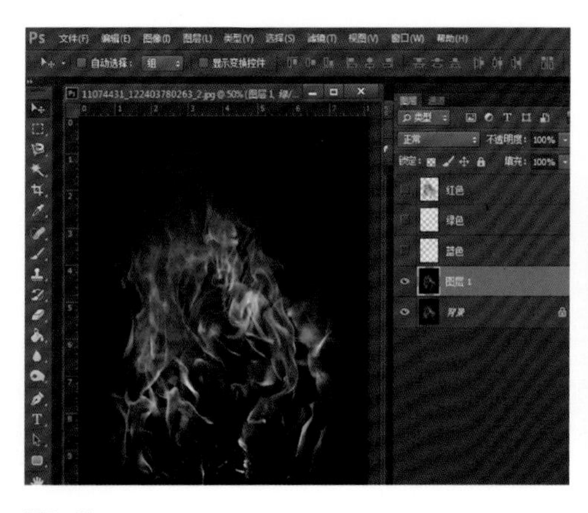

图2-30

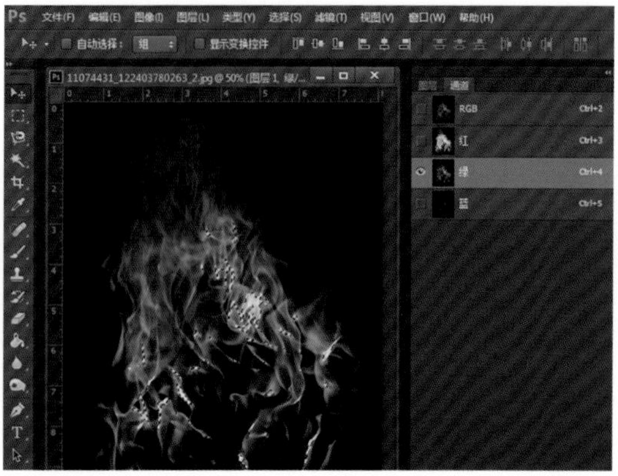

图2-31

（9）然后回到图层面板，把绿色图层打开，按【Shift+F5】填充，设置颜色为纯绿色，R：0，G：255，B：0，填充后效果如图2-32所示。

（10）关闭绿色图层前的小眼睛，隐藏绿色图层，选择图层1为当前图层（图2-33）。

（11）继续进入通道面板，选择蓝色通道，同样载入选区（图2-34）。

（12）然后又回到图层面板，选择蓝色图层，按【Shift+F5】填充纯蓝色，R：0，G：0，B：255（图2-35）

（13）这样得到了红色、绿色、蓝色三个填充图层，把图层1隐藏，然后依次把图层混合模式都改为滤色，得到效果（图2-36）。

（14）按【Shift+Ctrl+E】合并可见图层，这样就得到了一个抠好的火焰素材（图2-37）。

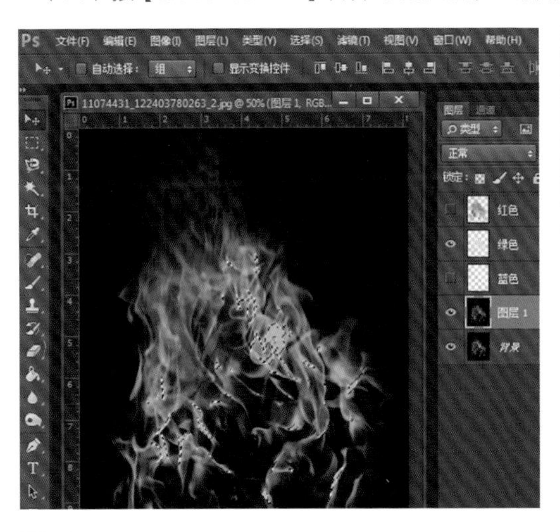

图2-32

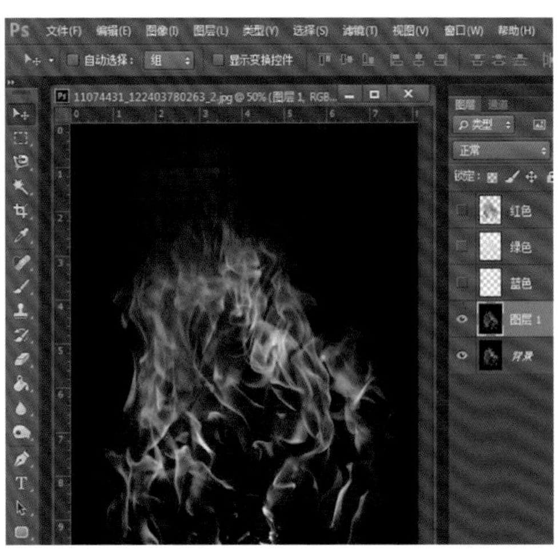

图2-33

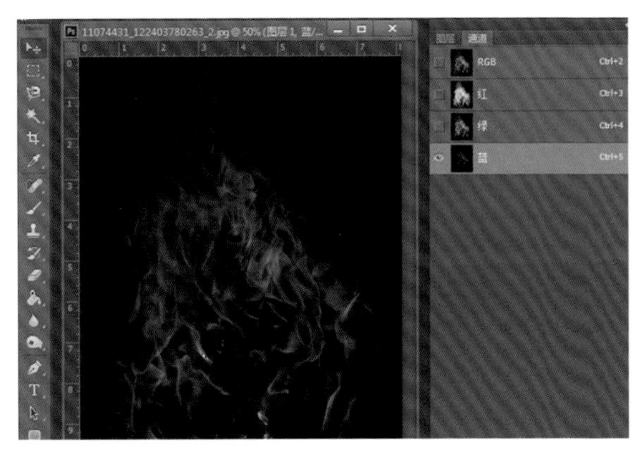

图2-34

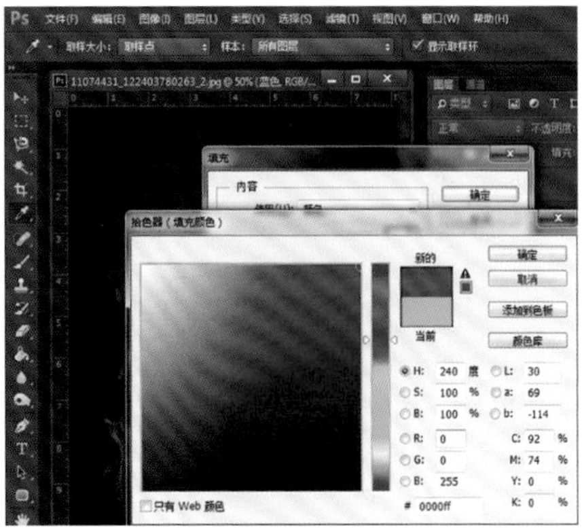

图2-35

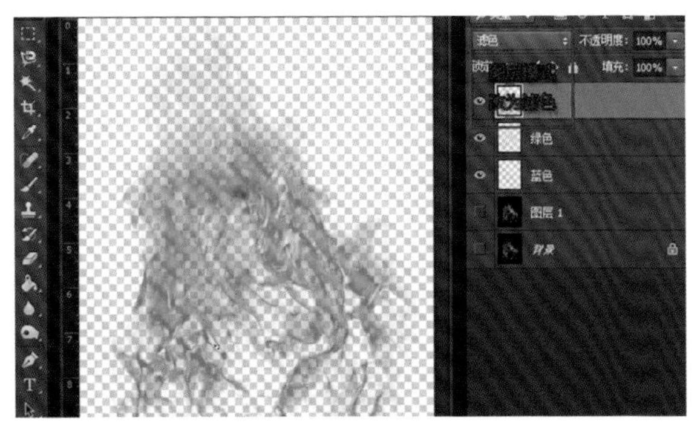

图2-36

图2-37

2.4 文件批处理（以改变图像大小批处理为例）

（1）新建两个文件夹，把要处理的图片放到文件夹1（源）里，文件夹2（目标）自动存放处理好的图片。

（2）打开PS，先打开窗口菜单下的动作命令，弹出动作面板（CS6中动作和历史记录面板在一起）；或快捷键【Alt+F9】。

（3）新建一个动作（比如动作1），按红色圆按钮开始记录（图2-38）。

（4）然后打开文件夹1中的任意一张图片，执行“打开”→“图像”→“图像大小”→“输入所需要的图片大小参数”→“确定”命令，一步步处理完，另存为到文件夹2中，然后点停止播放记录按钮（图2-39）。

（5）关闭图片；点击文件→自动→批处理，依次点击：新建的动作、源（文件夹1）、选取（具体文件夹放的位置）、覆盖动作中的“打开”命令（前面打钩）、目标（文件夹2）—选择（具体文件夹放的位置）、覆盖动作中的“储存为”命令（前面打钩）。

（6）最后点击确定即可（自动处理所有的文件）。

图2-38

图2-39

附录：

一、应用中常见的30个问题及解决方法

（1）为什么快捷键不起作用?

可能是因为打开了中文输入法，此时按键会被系统认定为文字输入。解决方法是关闭中文输入法。建议平时都关闭中文输入法，需要输入汉字时再开启，并且在输入完成后立即关闭。除了中文输入法外，日文、韩文等非英语类的输入法都有此现象。也可以在汉字输入状态下点击【Shift】键，回到英文状态即可使用快捷键。

（2）为什么设定的笔刷才画了一小段就不能再画了?

可能是设定了渐隐，并且步长很小。解决方法是关闭渐隐选项或设定较大的步长。

（3）为什么在绘制过程中笔刷的间距不一样?

这可能是由于设定了椭圆形笔刷造成的，因为即使使用了相同的间距，椭圆形笔刷由于长短半径不同，在不同方向上就会形成不一样的圆点间距。这没有办法解决。除了椭圆以外，选择其他非正圆的笔刷形状都存在这个问题。

（4）为什么调板或工具栏找不到了?

首先要想到可能是关闭了调板，可从菜单【窗口】中查看对应的调板是否处于显示状态（调板名称前有√符号）。如果确实处于显示状态却又看不到，可通过复位调板位置来解决。

（5）为什么选区不见了?

这分为两种情况。其一是在创建选区之后就没有看见选区的流动框。这可能是由于选取工具的羽化数值设置过高引起的。在这种情况下，可尝试减少羽化数值。建议将选取工具的羽化都设为0，在创建选区后使用单独的羽化命令【选择>羽化】【Ctrl+Alt+D】来实现羽化。其二是本来看得见，后来做了一些操作就看不见了。有可能是选区被取消了。可撤销一步操作，按组合键【Ctrl+Alt+Z】来恢复被撤销的选区。其三是选区被隐藏了，此时可以通过执行“视图”→“显示额外内容”命令或按组合键【Ctrl+H】来看看是否出现。注意，隐藏选区的操作是不作为历史记录的，这意味着【Ctrl+Alt+Z】无法撤销它。即使选区被隐藏，如果创建新选区，隐藏功能将自动失效。其四是利用选区创建了图层蒙版。如果要找回选区，可在图层蒙版上【Ctrl+单击图层浮云面板中图层的缩览图】。

（6）为什么只能在图像中某一块区域内操作?

因为创建了选区后，所有的操作只局限于选区之内，包括画笔绘制、色彩调整等。即使选区处在隐藏状态【Ctrl+H】，它的限制作用也是有效的。解决方法是取消选区（快捷操作：按组合键【Ctrl+D】）。需要注意的是选区的限制作用对全部图层都有效。

（7）为什么参考线/网格没有锁定作用?

要使参考线具有锁定作用，必须具备两个条件：第一是菜单【视图】中的对齐功能打开。其次是菜单【视图>对齐到】的项目中“网格”及“参考线”项目有效。

（8）为什么无法移动图层?

可能图层被锁定，限制了移动。也有可能是选择了背景层，背景层是无法移动的。如果要移动背景层，需要先将其转为普通图层。

（9）为什么画笔工具不能使用?

可能图层被锁定，限制了绘制。也有可能是当前所选择的图层处于隐藏状态，这样也无法对该层使用画笔或其他绘图工具。

（10）为什么图层不显示缩览图?

因为关闭了图层缩览图。

（11）为什么图层中的图像变得很淡或完全看不见了?

可能不小心更改了图层的不透明度。也有可能是隐藏了图层。

（12）为什么无法将图层移动到最高层或最底层?

注意在图层面板中拖动的目的地，必须拖动到目前最顶层的上缘部分，或最底层的下缘部分。如果实在不适应拖动操作，可使用置于顶层的快捷键【Ctrl+Shift+]】和置于底层的快捷键【Ctrl+Shift+[】。

（13）为什么不能使用对齐或分布选项?

要使用对齐，当前选择的图层必须另外链接至少一个图层。要使用分布则必须另外链接至少两个图层。

（14）为什么不能把图层拖入图层组?

和改变图层层次一样，要注意拖动目的地的位置。

（15）为什么复制图层组后多出了一些本来没有的图像?

因为原先的图层组中有隐藏的图层，而复制后的新图层组中所有隐藏的层将被显示出来。这样看起来似乎多出了东西。其实只不过是原先因为各种需要而关闭（隐藏）的图层。

（16）为什么无法移动选区?

如果所选图层目前为隐藏的，则无法移动选区，会出现错误提示“不能完成请求，因为目标图层被隐藏”。解决方法是显示该图层或选择其他处于显示的图层。

（17）为什么无法填充前景色或背景色?

如果所选图层目前为隐藏的，则无法对其进行填充操作。解决方法是显示该层。

（18）为什么无法清除选区中的内容?

如果所选图层目前为隐藏的，清除选区的操作是无效的。解决方法是显示该层。

（19）为什么直方图相识的色阶和统计数据有误差?

这一般发生在处理较大尺寸的图像中，大尺寸图像的直方图计算量也大，为了加快运行速度，Photoshop采取了近似值计算。此时直方图右上角会出现警告标志。点击该标志即可得到正确的色阶直方图和统计数据。

（20）为什么在ImageReady中无法存储?

处在预览模式时是无法存储的，必须退出预览模式。

（21）为什么曲线命令中没有通道的选择项?

可能是选择了图层蒙版，此时曲线工具只对蒙版有效，所以不会出现通道的选项。解决方法是在图层调板中相应图层的缩略图上点击以选择图层，再使用曲线命令。

（22）为什么无法为第1帧指定过渡到最后一帧动画?

必须有两帧以上的动画设置，才能够指定。

（23）为什么动画播放一次之后就不再循环播放了?

在动画调板左下方更改循环次数即可。

（24）为什么仿制图章工具无法复制，并且没有错误提示?

可能是没有选择正确的图层。解决方法是检查所选择的采样图层是否正确，或开启仿制图章工具的“用于所有图层”选项。

（25）为什么仿制图章工具不能用并出现错误提示?

仿制图章工具是无法复制填充及调整图层的。解决方法是选择正确的采样图层，通过合并将其变为普通图层。也可将需要复制的带有调整效果的图层合并后复制，也可以开启仿制图章工具的“用于所有图层”选项。

（26）为什么仿制图章工具复制出来的图像是黑白的?

当采样图层为带蒙版的填充或调整层时，就会将该层的蒙版作为采样内容复制。解决方法同上。

（27）为什么创建了修补工具的选区后，拖动鼠标无法修补，并且选区还消失了?

创建了选区之后，使用修补工具必须从选区内往外拖动。

（28）为什么建立裁切框之后，无法在公共栏中选择隐藏裁切区域?

只有一个背景层的图像是不能选择在裁切后隐藏被裁切区域的。解决方法是将背景层转换为普通图层。

（29）为什么拖动图案填充层时图案并没有移动?

因为关闭了图案与图层链接功能。解决方法是双击填充层，在设置框中开启“与图层链接”功能。

（30）为什么菜单中的定义画笔和定义图案选项无效?

目前所选图层必须是普通图层，如果选择填充层或调整层时是无法使用这两个菜单项目的。解决方法是选择普通图层，如果没有普通图层存在就拼合图层，执行“图层”→“拼合图层”命令，可拼合图层。注意拼合图层后就无法创建带透明度的图案。

二、常用小技巧

Photoshop是设计者的必备工具之一。熟练掌握以下技巧，将成倍提高工作效率。

（1）快速打开文件。

双击Photoshop背景空白处（默认为灰色显示区域）可打开选择文件的浏览窗口。

（2）随意更换画布颜色。

选择油漆桶工具并按住【Shift】键点击画布边缘，即可设置画布底色为当前选择的前景色。如果要还原到默认的颜色，设置前景色为25%灰度（R192，G192，B192），再次按住【Shift】点击画布边缘。

（3）选择工具的快捷键。

可以通过按快捷键来快速选择工具箱中的某一工具，各个工具的字母快捷键如下：

选框——【M】　移动——【V】

套索——【L】　魔棒——【W】

喷枪——【J】　画笔——【B】

铅笔——【N】　橡皮图章——【S】

历史记录画笔——【Y】　橡皮擦——【E】

模糊——【R】　减淡——【O】

油漆桶——【K】　吸管——【I】

抓手——【H】　缩放——【Z】

默认前景和背景色——【D】　切换前景和背景色——【X】

编辑模式切换——【Q】　显示模式切换——【F】

另外，如果我们按住【Alt】键后再单击显示的工具图标，或者按住【Shift】键并重复按字母快捷键则可以循环选择隐藏的工具。

（4）获得精确光标。

按【Caps Lock】键可以使画笔和磁性工具的光标显示为精确十字线，再按一次可恢复原状。

（5）显示/隐藏控制板 。

按【Tab】键可切换显示或隐藏所有的控制板（包括工具箱），如果按【Shift+Tab】则工具箱不受影响，只显示或隐藏其他的控制板。

（6）快速恢复默认值。

有些不擅长Photoshop的朋友为了调整出满意的效果真是几经周折，结果发现还是原来的默认效果最好，这下傻了眼，悔不当初！试着轻轻点按选项栏上的工具图标，然后从上下文菜单中选取“复位工具”或者“复位所有工具”即可。

（7）自由控制大小。

缩放工具的快捷键为【Z】，此外【Ctrl＋空格键】为放大工具，【Alt＋空格键】为缩小工具，但是要配合鼠标点击才可以缩放；相同按【Ctrl++】键以及【Ctrl+-】键分别也可放大和缩小图像；【Ctrl+Alt++】和【Ctrl+Alt+-】可以自动调整窗口以满屏缩放显示，使用此工具，无论图片以多大比例显示的情况下都能全屏浏览！如果想要在使用缩放工具时按图片的大小自动调整窗口，可以在缩放工具的属性条中点击“满画布显示”选项。

（8）使用非手形工具时，按住空格键后可转换成手形工具，即可移动视窗内图像的可见范围。在手形工具上双击鼠标可以使图像以最适合的窗口大小显示，在缩放工具上双击鼠标可使图像以1：1的比例显示。

（9）在使用橡皮擦工具时，按住【Alt】键即可将橡皮擦功能切换成恢复到指定的步骤记录状态。

（10）使用指尖工具时，按住【Alt】键可由纯粹涂抹变成用前景色涂抹。

（11）要移动使用文字蒙版工具打出的字形选取范围时，可先切换成快速蒙版模式（用快捷键【Q】切换），然后再进行移动，完成后只要再切换回标准模式即可。

（12）按住【Alt】键后，使用橡皮图章工具在任意打开的图像视窗内单击鼠标，即可在该视窗内设定取样位置，但不会改变作用视窗。

（13）在使用移动工具时，可按键盘上的方向键直接以1px的距离移动图层上的图像，如果先按住【Shift】键后再按方向键则以每次10px的距离移动图像。而按【Alt】键拖动选区将会移动选区的拷贝。

（14）度量工具在测量距离上十分便利（特别是在斜线上），同样可以用它来量角度（就像一只量角器）。在信息面板可视的前提下，选择度量工具，点击并拖出一条直线，按住【Alt】键从第一条线的节点上再拖出第二条直线，这样两条线间的夹角和线的长度都显示在信息面板上。用测量工具拖动可以移动测量线（也可以只单独移动测量线的一个节点），把测量线拖到画布以外就可以把它删除。

（15）使用绘画工具（如画笔等），按住【Shift】键单击鼠标，可将两次单击点以直线连接。

（16）按住【Alt】键用吸管工具选取颜色即可定义当前背景色。通过结合颜色取样器工具【Shift+I】和信息面板监视当前图片的颜色变化。变化前后的颜色值显示在信息面板上其取样点编号的旁边。通过信息面板上的弹出菜单可以定义取样点的色彩模式。要增加新取样点，只需用颜色取样器工具在画布上任意位置点击，按住【Alt】键点击可以除去取样点。但一张图上最多只能放置四个颜色取样点。当Photoshop中有对话框（例如：色阶命令、曲线命令等）弹出时，要增加新的取样点必须按住【Shift】键再点击，按住【Alt+Shift】点击可以减去一个取样点。

（17）运用裁切工具调整裁切时，当裁切框比较接近图像边界时，裁减框会自动地贴到图像的边上，实现精确裁切图像。在调整裁切边框时按【Ctrl】键，那么裁切框就会服服帖帖，让你精确裁切。

三、复制技巧

（1）按住【Ctrl+Alt】键拖动鼠标可以复制当前层或选区内容。

（2）如果你最近拷贝了一张图片存在剪贴板里，Photoshop在新建文件（快捷键：【Ctrl+N】）的时候会以剪贴板中图片的尺寸作为新建图的默认大小。要略过这个特性而使用上一次的设置，在打开的时候按住【Alt】键（快捷键：【Ctrl+Alt+N】）。

（3）如果创作一幅新作品，需要与一幅已打开的图片有相同的尺寸、解析度、格式的文件。执行“文件”→“New”命令，点击Photoshop菜单栏的Windows选项，在弹出菜单的最下面一栏点击已开启的图片名称。

（4）在使用自由变换工具（【Ctrl+T】）时按住【Alt】键（【Ctrl+Alt+T】）即可先复制原图层（在当前的选区）后在复制层上进行变换；【Ctrl+Shift+T】为再次执行上次的变换，【Ctrl+Alt+Shift+T】为复制原图后再执行变换。

（5）使用“通过复制新建层（【Ctrl+J】）”或“通过剪切新建层（【Ctrl+J】）”命令可以在一步之间完成拷贝到粘贴和剪切到粘贴的工作；通过复制（剪切）新建层命令粘贴时仍会放在它们原来的地方，然而通过拷贝（剪切）再粘贴，就会贴到图片（或选区）的中心。

（6）若要直接复制图像而不希望出现命名对话框，可先按住【Alt】键，再执行“图像”→“副本”命令。

（7）Photoshop的剪贴板很好用，如果希望直接使用Windows系统剪贴板，直接处理从屏幕上截取的图像。按下【Ctrl＋K】，在弹出的面板上点击“输出到剪贴板”即可。

（8）在做版面设计时，经常将某些元素有规律地摆放，以寻求一种形式的美感，在Photoshop内通过四个快捷键的组合就可以轻易实现。

①圈选出你要复制的物体；②按【Ctrl+J】产生一个浮动Layer；③旋转并移动到适当位置后确认；④按住【Ctrl+Alt+Shift】后连续按【T】键就可以有规律地复制出连续的物体。（只按住【Ctrl+Shift】则只是有规律地移动）

（9）当要复制文件中的选择对象时，可使用编辑菜单中的复制命令。但要多次复制，一次一次地点击就相当不便了。这时可以先用选择工具选定对象，而后点击移动工具，再按住【Alt】键不放。当光标变成一黑一白重叠在一起的两个箭头时，拖动鼠标到所需位置即可实现复制。若要多次复制，只要重复地放松鼠标即可。

（10）在Photoshop内实现有规律复制，可以用选框工具或套索工具，把选区从一个文档拖到另一个上。

（11）要为当前历史状态或快照建立一个复制文档，可以通过以下步骤实现。

①点击“从当前状态创建新文档”按钮；②从历史面板菜单中选择新文档；③拖动当前状态（或快照）到“从当前状态创建新文档”按钮上；④右键点击所要的状态（或快照），从弹出菜单中选择新文档，把历史状态中当前图片的某一历史状态拖到另一个图片的窗口，可改变目的图片的内容。按住【Alt】键点击任意历史状态（除了当前的、最近的状态）可以复制它。而后被复制的状态就变为当前

（最近的）状态。按住【Alt】拖动动作中的步骤可以把它复制到另一个动作中。

四、选择技巧

（1）把选择区域或层从一个文档拖向另一个时，按住【Shift】键可以使其在目的文档上居中。如果源文档和目的文档的大小（尺寸）相同，被拖动的元素会被放置在与源文档位置相同的地方（而不是放在画布的中心）。如果目的文档包含选区，所拖动的元素会被放置在选区的中心。

（2）在动作调板中单击右上角的三角形按钮，从弹出的菜单中选择载入动作，进入Photoshop Goodies Actions目录下，其下有按钮、规格、命令、图像效果，文字效果、纹理、帧7个动作集，包含了很多实用的东西！另外，在该目录下还有一个ACTIONS.PDF文件，可用Adobe Acrobat软件打开，里面详细介绍了这些动作的使用方法和产生的效果。

（3）单击工具条中的画笔类工具，在随后显示的属性条中单击画笔标签右边的小三角，在弹出的菜单中再点击小箭头选择“载入画笔…”。到Photoshop目录的Brushes文件夹中选择*.abr。原来这里还有这么多可爱的东西。

（4）画出一个漂亮的标记，想在作品中重复使用？好办，用套索工具选好它，在Brushes的弹出菜单中选“储存画笔…”，然后用画笔工具选中这个新笔头……朋友，想做居室喷涂吗?

（5）如果想选择两个选择区域之间的部分，在已有的任意一个选择区域的旁边同时按住【Shift】和【Alt】键进行拖动，画第二个选择区域（鼠标十字形旁出现一个乘号，表示重合的该区域将被保留）。

（6）在选择区域中删除正方形或圆形，首先增加任意一个选择区域，然后在该选择区域内，按【Alt】键拖动矩形或椭圆的面罩工具。然后松开【Alt】键，按住【Shift】键，拖动到满意为止。然后先松开鼠标按钮再松开【Shift】键。

（7）从中心向外删除一个选择区域，在任意一个选择区域内，先按【Alt】键拖动矩形或椭圆的面罩工具，然后松开【Alt】键后再一次按住【Alt】键，最后松开鼠标按钮再松开【Alt】键。

（8）在快速蒙版模式下要迅速切换蒙版区域或选取区域选项时，先按住【Alt】键后将光标移到快速遮色片模式图标上单击鼠标就可以了。

（9）使用选框工具的时候，按住【Shift】键可以划出正方形和正圆的选区；按住【Alt】键将从起始点为中心勾画选区。

（10）使用“重新选择”命令【Ctrl+Shift+D】组合键来载入/恢复之前的选区。

（11）在使用套索工具勾画选区的时候，按【Alt】键可以在套索工具和多边形套索工具间切换。勾画选区的时候按住空格键可以移动正在勾画的选区。

（12）按住【Ctrl】键点击层的图标（在层面板上）可载入它的透明通道，再按住【Ctrl+Alt+Shift】键点击另一层为选取两个层的透明通道相交的区域。可保留原来的选区。

（13）在缩放或复制图片之间先切换到快速蒙版模式【Q】，可保留原来的选区。

（14）“选择框”工具中【Shift】和【Alt】键的使用方法：

当用“选择框”选取图片时，想扩大选择区，按住【Shift】键，光标“+”会变成“十+”，拖动光标，这样就可以在原来选区的基础上扩大所需的选择区域。或是在同一幅图片中同时选取两个或两个以上的选取框。当用“选择框”选取图片时，想在“选择框”中减去多余的图片，按住【Alt】键，光标“+”会变成“十-”，拖动光标，这样就可以留下所需要的图片。当用“选择框”选取图片时，想得到两个选取框叠加的部分，按住【Shift+Alt】键，光标“+”会变成“十 í ”，拖动光标，这样就可得到想要的部分。想得到“选取框”中的正圆或正方形时，按住【Shift】键即可。

（15）“套索”工具中【Shift】和【Alt】键的使用方法：

增加选取范围按【Shift】键。（方法和“选择框”中的1相同）

减少选取范围按【Alt】键。（方法和“选择框”中的2相同）

两个选取框叠加的区域按【Shift+Alt】组合键。（方法和“选择框”中的3相同）

（16）“魔棒”工具中【Shift】和【Alt】键的使用方法：

增加选取范围按【Shift】键。（方法和“选择框”中的1相同）

减少选取范围按【Alt】键。（方法和“选择框”中的2相同）

两个选取框叠加的区域按【Shift+Alt】键。（方法和“选择框”中的3相同）

五、快捷键技巧

（1）可以用以下的快捷键来快速浏览图像。

【Home】：卷动至图像的左上角；【End】：卷动至图像的右下角；【Page UP】：卷动至图像的上方；【Page Down】：卷动至图像的下方；【Ctrl＋Page Up】：卷动至图像的左方；【Ctrl＋Page Down】：卷动至图像的右方。

（2）按【Ctrl+Alt+0】键即可使图像按1：1比例显示。

（3）当想“紧排”（调整个别字母之间的空位），首先在两个字母之间单击，然后按下【Alt】键后用左右方向键调整。

（4）将对话框内的设定恢复为默认，先按住【Alt】键后，【Cancel】键会变成【Reset】键，再单击【Reset】键即可。

（5）要快速改变在对话框中显示的数值，首先用鼠标点击那个数字，让光标处在对话框中，然后就可以用上下方向键来改变该数值了。如果在用方向键改变数值前先按下【Shift】键，那么数值的改变速度会加快。

（6）Photoshop CS6除了以往熟悉的快捷键【Ctrl+Z】（可以自由地在历史记录和当前状态中切换）之外，还增加了【Shift+Ctrl+Z】（用以按照动作次序不断地逐步恢复动作）和【Alt+Ctrl+Z】（使用户可以按照动作次序不断地逐步取消动作）两个快捷键。按【Ctrl+Alt+Z】和【Ctrl+Shift+Z】组合键分别为在历史记录中向后和向前（或者可以使用历史面板中的菜单来使用这些命令）。

（7）填充功能：①【Shift+Backspace】打开填充对话框；②【Alt+Del】（或Backspace）和【Ctrl+Del】组合键分别为填充前景色和背景色；③按【Alt+Shift+Backspace】及【Ctrl+Shift+Backspace】组合键在填充前景及背景色的时候只填充已存在的像素（保持透明区域）。

（8）键盘上的D键、X键可迅速切换前景色和背景色。

（9）用任一绘图工具画出直线笔触：先在起点位置单击鼠标，然后按住【Shift】键，再将光标移到终点单击鼠标即可。

（10）打开曲线对话框时，按【Alt】键后单击曲线框，可使格线更精细，再单击鼠标可恢复原状。

（11）使用矩形（椭圆）选取工具选择范围后，按住鼠标不放，再按空格键即可随意调整选取框的位置，放开后可再调整选取范围的大小。

（12）增加一个由中心向外绘制的矩形或椭圆形，在增加的任意一个选择区域内，先按【Shift】键拖动矩形或椭圆的面罩工具，然后放开【Shift】键，然后按【Alt】键，最后松开鼠标按钮再松开【Alt】键。按【Enter】键或【Return】键可关闭滑块框。若要取消更改，按【Escape】键（Esc）。若要在打开弹出式滑块对话框时以10%的增量增加或减少数值，请按住【Shift】键并按上箭头键或者下箭头键。

（13）若要在屏幕上预览RGB模式图像的CMYK模式色彩时，可先执行“视图”→“新视图”命令，产生一个新视图后，再执行“视图”→“预览”→“CMYK”命令，即可同时观看两种模式的图像，便于比较分析。

（14）按【Shift】键拖移选框工具限制选框为方形或圆形；按【Alt】键拖移选框工具从中心开始绘制选框；按【Shift+Alt】组合键拖移选框工具则从中心开始绘制方形或圆形选框。

（15）要防止使用裁切工具时选框吸附在图片边框上，在拖动裁切工具选框上控制点的时候按住【Ctrl】键即可。

（16）要修正倾斜的图像，先用测量工具在图上可以作为水平或垂直方向基准的地方画一条线（如图像的边框、门框、两眼间的水平线等），然后执行“图像”→“旋转画布”→“任意角度...”命令，打开后会发现正确的旋转角度已经自动填好了，只要按确定即可。

（17）可以用裁切工具来一步完成旋转和剪切的工作：先用裁切工具画一个方框，拖动选框上的控制点来调整选取框的角度和大小，最后按回车实现旋转及剪切。测量工具量出的角度同时也会自动填到数字变换工具（“编辑”→“变换”→“数字”）对话框中。

（18）裁剪图像后所有在裁剪范围之外的像素都丢失了。要想无损失地裁剪可以用“画布大小”命令来代替。虽然Photoshop会警告你将进行一些剪切，但出于某种原因，事实上并没有将所有“被剪切掉的”数据都保留在画面以外，但这对索引色模式不起作用。

（19）合并可见图层时按【Ctrl+Alt+Shift+E】为把所有可见图层复制一份后合并到当前图层。同样可以在合并图层的时候按住【Alt】键，会把当前层复制一份后合并到前一个层，但是【Ctrl+Alt+E】这个热键这时并不能起作用。

（20）按【Shift+Backspace】键可激活“编辑”→“填充”命令对话框，按【Alt+Backspace】键可将前景色填入选取框；按【Ctrl+Backspace】键可将背景填入选取框内。

（21）按【Shift+Alt+Backspace】键可将前景色填入选取框内并保持透明设置，按【Shift+Ctrl+Backspace】键可将背景色填入选取框内保持透明设置。

（22）按【Alt+Ctrl+Backspace】键从历史记录中填充选区或图层，按【Shift+Alt+Ctrl+Backspace】键从历史记录中填充选区或图层并且保持透明设置。

（23）按【Ctrl+=】键可使图像显示持续放大，但窗口不随之缩小；按【Ctrl+-】键可使图像显示持续缩小，但窗口不随之缩小；按【Ctrl+Alt+=】键可使图像显示持续放大，且窗口随之放大；按【Ctrl+Alt+-】键可使图像显示持续缩小，且窗口随之缩小。

（24）按【Shift】键移动可做水平、垂直或45°角的移动；按键盘上的方向键可做每次1个像素的移动；按住【Shift】键后再按键盘上的方向键可做每次10个像素的移动。

（25）创建参考线时，按【Shift】键拖移参考线可以将参考线紧贴到标尺刻度处；按【Alt】键拖移参考线可以将参考线更改为水平或垂直取向。

（26）在“图像”→“调整”→“曲线”命令对话框中，按住【Alt】键于格线内单击鼠标可以使格线精细或粗糙；按住【Shift】键并单击控制点可选择多个控制点，按住【Ctrl】键并单击某一控制点可将该点删除。

（27）若要将某一图层上的图像复制到尺寸不同的另一图像窗口中央位置时，可以在拖动到目的窗口时按住【Shift】键，则图像拖动到目的窗口后会自动居中。

（28）在执行“编辑”→“自由变换”【Ctrl+T】命令时，按住【Ctrl】键并拖动某一控制点可以进行自由变形调整；按住【Alt】键并拖动某一控制点可以进行对称变形调整；按住【Shift】键并拖动某一控制点可以进行按比例缩放的调整；按住【Shift+Ctrl】键并拖动某一控制点可以进行透视效果的调整；按【Shift+Ctrl】键并拖动某一控制点可以进行斜切调整；按【Enter】键应用变换；按【Esc】键取消操作。

（29）在色板调板中，按【Shift】键单击某一颜色块，则用前景色替代该颜色；按【Shift+Alt】键单击鼠标，则在单击处前景色作为新的颜色块插入；按【Alt】键在某一颜色块上单击，则将背景色变为该颜色；按【Ctrl】键单击某一颜色块，会将该颜色块删除。

（30）在图层、通道、路径调板上，按【Alt】键单击这些调板底部的工具按钮时，对于有对话框的工具可调出相应的对话框更改设置。

（31）在图层、通道、路径调板上，按【Ctrl】键并单击一图层、通道或路径会将其作为选区载入；按【Ctrl+Shift】键并单击，则添加到当前选区；按【Ctrl+Shift+Alt】键并单击，则与当前选区交叉。

（32）在图层调板中使用图层蒙版时，按【Shift】键并单击图层蒙版缩览图，会出现一个红叉，表示禁用当前蒙版，按【Alt】键并单击图层蒙版缩览图，蒙版会以整幅图像的方式显示，便于观察调整。

（33）在路径调板中，按住【Shift】键在路径调板的路径栏上单击鼠标可切换路径是否显示。

（34）更改某一对话框的设置后，若要恢复为先前值，要按住【Alt】键，取消按钮会变成复位按钮，在复位按钮上单击即可。

六、路径技巧

（1）在点选调整路径上的一个点后，按【Alt】键，再单击鼠标左键在点上点击一下，这时其中一根“调节线”将会消失，再点击下一个路径点时就会不受影响了。

（2）如果你用“Path”画了一条路径，而鼠标现在的状态又是钢笔的话，你只按下小键盘上的回车键（记住是小键盘上的回车，不是主键盘上的！），那么路径就马上会变为“选区”了。

（3）如果你用钢笔工具画了一条路径，而你现在鼠标的状态又是钢笔的话，你只要按下小键盘上的回车键（记住是小键盘上的回车，不是主键盘上的！），那么路径马上就被作为选区载入。

（4）按住【Alt】键后在路径控制板上的垃圾桶图标上单击鼠标可以直接删除路径。

（5）使用路径其他工具时按住【Ctrl】键使光标暂时变成方向选取范围工具。

（6）按住【Alt】键后在路径控制板上的垃圾桶图标上单击鼠标可以直接删除路径。

（7）使用路径其他工具时按住【Ctrl】键使光标暂时变成方向选取范围工具。

（8）点击路径面板上的空白区域可关闭所有路径的显示。

（9）在点击路径面板下方的几个按钮（用前景色填充路径、用前景色描边路径、将路径作为选区载入）时，按住【Alt】键可以看见一系列可用的工具或选项。

（10）如果需要移动整条或是多条路径，请选择所需移动的路径然后使用快捷键【Ctrl+T】，就可以拖动路径至任何位置。

（11）在勾勒路径时，最常用的操作还是像素的单线条勾勒，但此时会出现问题，即有矩齿存在，很影响实用价值，此时不妨先将其路径转换为选区，然后对选区进行描边处理，同样可以得到原路径的线条，却可以消除矩齿。

（12）将选择区域转换成路径是一个非常实用的操作。此功能与控制面板中的相应图标功能一致。调用此功能时，所需要的属性设置将可在弹出的MAKE WORK PQTH设置窗口中进行。

（13）使用笔形工具制作路径时按住【Shift】键可以强制路径或方向线成水平、垂直或45°角，按住【Ctrl】键可暂时切换到路径选取工具，按住【Alt】键将笔形光标在黑色节点上单击可以改变方向线的方向，使曲线能够转折；按【Alt】键用路径选取工具单击路径会选取整个路径；要同时选取多个路径可以按住【Shift】后逐个单击；使用路径选工具时按住【Ctrl+Alt】键移近路径会切换到加节点与减节点笔形工具。

（14）若要切换路径是否显示，可以按住【Shift】键后在路径调色板的路径栏上单击鼠标，或者在路径调色板灰色区域单击即可，还可以按【Ctrl+Shift+H】。 若要在Color调色板上直接切换色彩模式，可先按住【Shift】键后，再将光标移到色彩条上单击即可。

七、Actions动作技巧

（1）若要在一个动作中的一条命令后新增一条命令，可以先选中该命令，然后单击调板上的开始记录按钮，选择要增加的命令，再单击停止记录按钮即可。

（2）先按住【Ctrl】键后，在动作控制板上所要执行的动作的名称上双击鼠标，即可执行整个动作。

（3）若要一起执行数个宏（Action），可以先增加一个宏，然后录制每一个所要执行的宏。

（4）若要在一个宏（Action）中的某一命令后新增一条命令，可以先选中该命令，然后单击调色板上的开始录制图标，选择要增加的命令，再单击停止录制图标即可。

八、滤镜技巧

（1）滤镜快捷键。

【Ctrl+F】——再次使用刚用过的滤镜。

【Ctrl+Alt+F】——用新的选项使用刚用过的滤镜。

【Ctrl+Shift+F】——退去上次用过的滤镜或调整的效果。

（2）在滤镜窗口里按【Alt】键，Cancel按钮会变成Reset按钮，可恢复初始状况。想要放大在滤镜对话框中图像预览的大小，直接按【Ctrl】，用鼠标点击预览区域即可放大；反之按【Alt】键则预览区内的图像便迅速变小。

（3）滤镜菜单的第一行会记录上一条滤镜的使用情况，方便重复执行。

（4）在图层的面板上可对已执行滤镜后的效果调整不透明度和色彩混合等（操作的对象必须是图层）。

（5）对选取的范围羽化一下，能减少突兀的感觉。

（6）在使用“滤镜”→“渲染”→“云彩”的滤镜时，若要产生更多明显的云彩图案，可先按住【Alt】键后再执行该命令；若要生成低漫射云彩效果，可先按住【Shift】键后再执行命令。

（7）在使用“滤镜”→“渲染”→“光照效果”的滤镜时，若要在对话框内复制光源时，可先按住【Alt】键后再拖动光源即可实现复制。

（8）针对所选择的区域进行处理。如果没有选定区域，则对整个图像做处理；如果只选中某一层或某一通道，则只对当前的层或通道起作用。

（9）滤镜的处理效果以像素为单位，就是说相同的参数处理不同分辨率的图像，效果会不同。

（10）RGB的模式里可以对图形使用全部的滤镜，文字一定要变成了图形才能用滤镜。

（11）使用新滤镜应先用缺省设置实验，然后试一试较低的配置，再试一试较高的配置。观察以下变化的过程及结果。用一幅较小的图像进行处理，并保存拷贝的原版文件，而不要使用“还原”。这样使操作者对所做的结果进行比较，记下自己真正喜欢的设置。

（12）在选择滤镜之前，先将图像放在一个新建立的层中，然后用滤镜处理该层。这个方法可使操作者把滤镜的作用效果混合到图像中去，或者改变混色模式，从而得到需要的效果。这个方法还可以使操作者在设计的过程中，按自己的想法随时改变图像的滤镜效果。

（13）即使操作者已经用滤镜处理层了，也可以选择“褪色...”命令。用户使用该命令时只要调节不透明度就可以了，同时还要改变混色模式。在结束该命令之前，操作者可随意用滤镜处理该层。注意，如果使用了“还原”，就不能再更改了。

（14）有些滤镜一次可以处理一个单通道，例如绿色通道，而且可以得到非常有趣的结果。注意，处理灰阶图像时可以使用任何滤镜。

任务三

Photoshop 图像输入与输出实践

教学目的和要求

（1）了解原稿数字化流程和工具与图像输出方式。
（2）能熟练操作扫描仪进行图像输入。
（3）能运用OCR软件进行文字识别输入。
（4）能进行图像输出（打印、喷绘、写真、印刷等的色彩模式、文件格式、分辨率等）等设置处理。

教学重点

（1）原稿数字化。
（2）图像输出设置处理。

教学难点

图像输出的分辨率、格式等设置

P79~90

3.1 原稿数字化

原稿数字化：将现有的报刊杂志、实物场景等图文通过拍摄、扫描、识别等技术转换成计算机能处理的电子文档。

3.1.1 扫描（scan）

（1）扫描仪有平板、滚动扫描仪；运用扫描仪前必须安装驱动。常用平板扫描仪（图3-1）。

（2）利用Photoshop扫描：执行“文件”→“导入”→“scan”命令，将需扫描的对象朝下，扫描过程中不要打开扫描仪盖板，如果扫描图像用于印刷，则扫描分辨率通常设置为300dpi，色彩模式建议为CMYK。图片扫描后，再进入Photoshop中编辑处理（图3-2）。

（3）扫描印刷品时在扫描操作界面中设置去网格扫描，由于印刷属像素点网格印刷（图3-3）。

图3-1

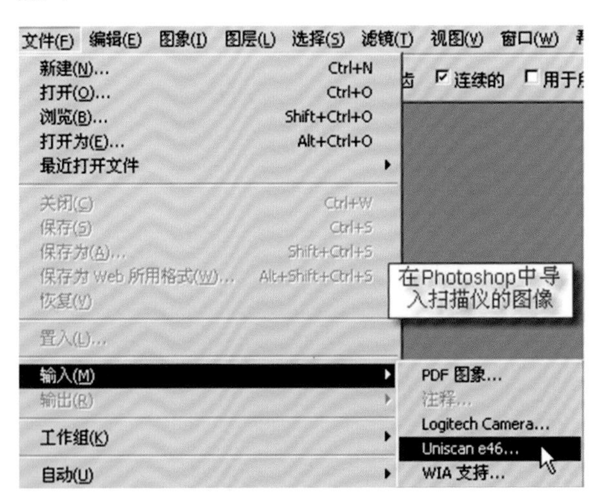

图3-2

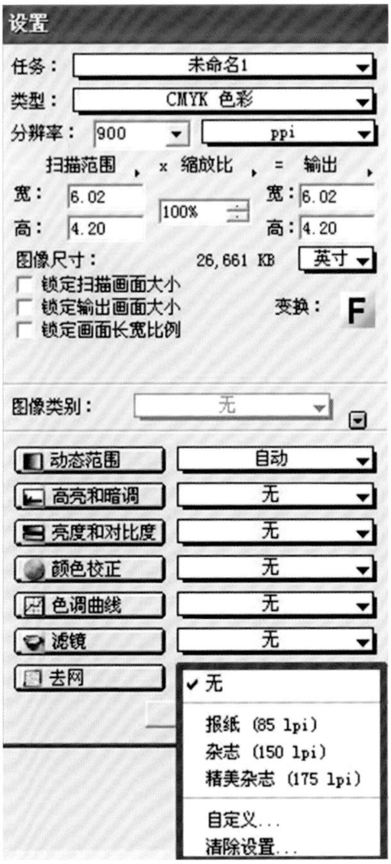

设置
任务：未命名1
类型：CMYK 色彩
分辨率：900 ppi
扫描范围 x 缩放比 = 输出
宽：6.02 100% 宽：6.02
高：4.20 高：4.20
图像尺寸：26,661 KB 英寸
锁定扫描画面大小
锁定输出画面大小 变换：F
锁定画面长宽比例
图像类别：无
动态范围 自动
高亮和暗调 无
亮度和对比度 无
颜色校正 无
色调曲线 无
滤镜 无
去网 ✔无
报纸 (85 lpi)
杂志 (150 lpi)
精美杂志 (175 lpi)
自定义...
清除设置...

图3-3

3.1.2 识别软件（OCR）

识别：将文字图像转换成文本文字。识别软件有紫光、方正、汉王等识别软件，统一称为OCR识别软件。

下面以汉王OCR软件为例（智能识别文字图片）：

（1）在OCR软件中打开jpg、bmp、tiff、pdf等格式（psd不可识别）的图（如果是扫描文件，分辨率建议设置在200 dpi以上，利于提高识别的成功率）。

（2）点击识别菜单下的开始识别命令进行识别。

（3）在操作区进行识别纠正。

（4）点击输出菜单下的输出到指定格式文件命令，将识别的文件导出输出。输出常见的格式有TXT和RTF格式。TXT格式为记事本文档，无文件格式；RTF格式也称富文本格式（Rich Text Format，一般简称为RTF，即多文本格式）是由微软公司开发的跨平台文档格式。是一种类似DOC格式（Word文档）的文件，有很好的兼容性，能较好地保存原识别文字图像的格式（图3-4）。

图3-4

3.2 图像输出设置处理

3.2.1　图像分辨率和文件格式设置

（1）发布于网页上的图像分辨率是72像素/英寸或96像素/英寸，即72 ppi或96 ppi；文件为jpg或png格式。

（2）报纸图像分辨率通常设置为128像素/英寸或150像素/英寸；文件为jpg、pdf或tiff等格式；200 ppi的分辨率适用于转轮印刷，例如周刊杂志；225 ppi的分辨率适用于商业印刷，如做广告的小册子；300 ppi的分辨率适用于精美画册印刷。

（3）写真、打印的图像分辨率为96～300像素/英寸，根据输出图像尺寸大小，尺寸小的文件，分辨率可以设置大一点。一般A3、A4等小尺寸文件分辨率设置为300 ppi，0.5～1 m^2的文件分辨率设置为150 ppi即可，大于1 m^2的文件分辨率设置为96 ppi即可，文件格式为jpg、pdf或tiff等格式。

（4）彩版印刷图像分辨率通常设置为300像素/英寸。文件为jpg、pdf或tiff等格式。

（5）大型灯箱、户外、喷绘图像分辨率一般不低于30像素/英寸（30～45）。文件为jpg、pdf或tiff等格式。

3.2.2　字体转换

（1）由于各个计算机所安装的字体字库不一样，为避免印刷前转换成印刷文件时字体丢失或被替换，所以必须将文字转换成图层。注意备份文件，便于下次修改。

（2）印刷公司常见字库：汉仪、文鼎、方正等字库。

字号与线点大小如图3-5所示。

字体（以汉仪字库为例）如图3-6所示。

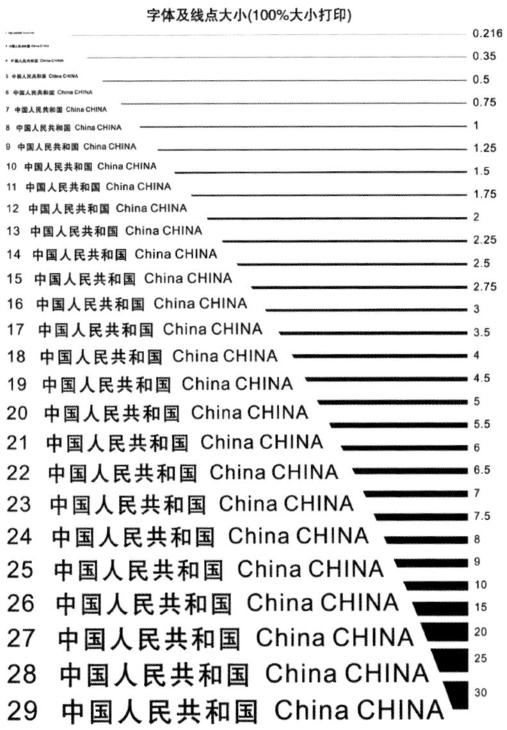

字体及线点大小(100%大小打印)

7 中国人民共和国 China CHINA
8 中国人民共和国 China CHINA
9 中国人民共和国 China CHINA
10 中国人民共和国 China CHINA
11 中国人民共和国 China CHINA
12 中国人民共和国 China CHINA
13 中国人民共和国 China CHINA
14 中国人民共和国 China CHINA
15 中国人民共和国 China CHINA
16 中国人民共和国 China CHINA
17 中国人民共和国 China CHINA
18 中国人民共和国 China CHINA
19 中国人民共和国 China CHINA
20 中国人民共和国 China CHINA
21 中国人民共和国 China CHINA
22 中国人民共和国 China CHINA
23 中国人民共和国 China CHINA
24 中国人民共和国 China CHINA
25 中国人民共和国 China CHINA
26 中国人民共和国 China CHINA
27 中国人民共和国 China CHINA
28 中国人民共和国 China CHINA
29 中国人民共和国 China CHINA

0.216
0.35
0.5
0.75
1
1.25
1.5
1.75
2
2.25
2.5
2.75
3
3.5
4
4.5
5
5.5
6
6.5
7
7.5
8
9
10
15
20
25
30

图3-5

汉鼎繁新艺体 漢鼎字體
汉鼎繁行楷 漢鼎字體
汉鼎繁行书 漢鼎字體
汉鼎繁颜体 漢鼎字體
汉鼎繁印篆 漢鼎字體
汉鼎繁圆新 漢鼎字體
汉鼎繁中变 漢鼎字體
汉鼎繁中等线 漢鼎字體
汉鼎繁中黑 漢鼎字體
汉鼎繁中楷 漢鼎字體
汉鼎繁中宋 漢鼎字體
汉鼎繁中圆 漢鼎字體
汉鼎繁综艺 漢鼎字體
汉鼎简报宋 汉鼎字体
汉鼎简长美黑 汉鼎字体
汉鼎简长宋 汉鼎字体
汉鼎繁楷体 漢鼎字體
汉鼎繁勘亭 漢鼎字體
汉鼎繁隶变 漢鼎字體
汉鼎繁随意 漢鼎字體
汉鼎繁特粗黑 漢鼎字體
汉鼎繁特宋 漢鼎字體
汉鼎繁特行 漢鼎字體
汉鼎繁特圆 漢鼎字體
汉鼎繁魏碑 汉鼎字體
汉鼎繁细等线 漢鼎字體
汉鼎繁细黑 漢鼎字體
汉鼎繁细隶 漢鼎字體
汉鼎繁细宋 漢鼎字體
汉鼎简行书 汉鼎字体
汉鼎简姚体 汉鼎字体
汉鼎简中等线 汉鼎字体
汉鼎简中黑 汉鼎字体
汉鼎简中楷 汉鼎字体
汉鼎简中宋 汉鼎字体
汉鼎繁彩云 漢鼎字體
汉鼎繁长美黑 漢鼎字體
汉鼎繁长宋 漢鼎字體

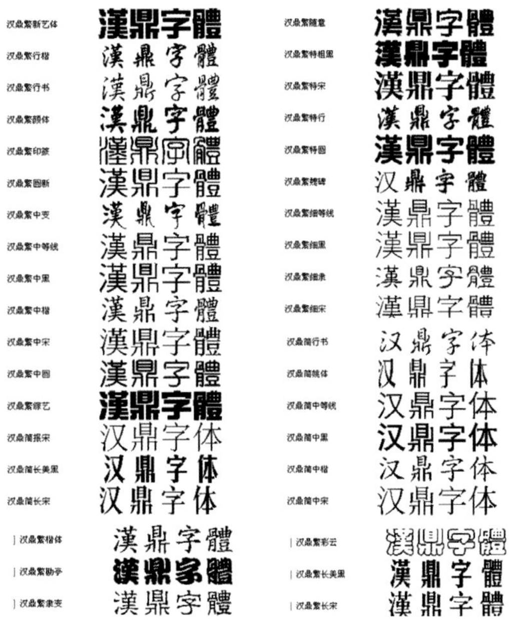

图3-6

3.3 色彩

图像色彩模式应为CMYK。

凡实践应用（练习除外）选用色彩时，一定要参照色谱书选用色彩，使印刷成品与设计需求及电脑显示差异减小。色谱图如图3-7所示。

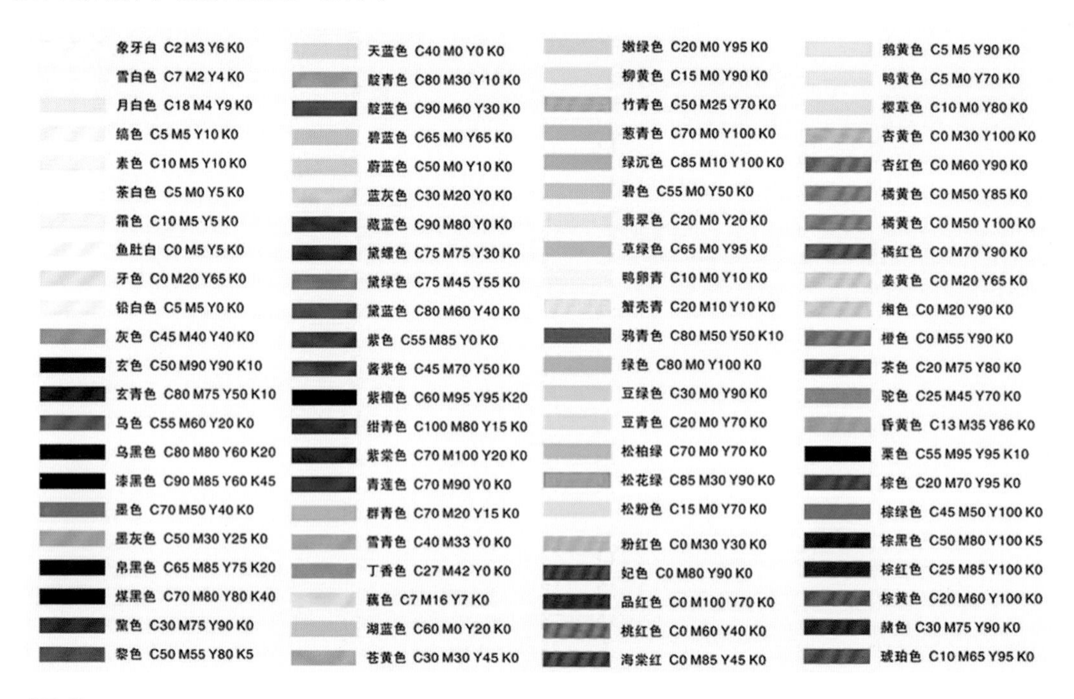

图3-7

附录

Photoshop快捷键操作训练

（1）文件

新建【Ctrl+N】　　打开【Ctrl+O】

打开为【Alt+Ctrl+O】　　关闭【Ctrl+W】

保存【Ctrl+S】　　另存为【Ctrl+Shift+S】

另存为网页格式【Ctrl+Alt+S】　　打印设置【Ctrl+Alt+P】

页面设置【Ctrl+Shift+P】　　打印【Ctrl+P】

退出【Ctrl+Q】

（2）编辑

撤消【Ctrl+Z】　向前一步【Ctrl+Shift+Z】

向后一步【Ctrl+Alt+Z】　退取【Ctrl+Shift+F】

剪切【Ctrl+X】　复制【Ctrl+C】

合并复制【Ctrl+Shift+C】　粘贴【Ctrl+V】

原位粘贴【Ctrl+Shift+V】　自由变换【Ctrl+T】

再次变换【Ctrl+Shift+T】　色彩设置【Ctrl+Shift+K】

（3）图像

调整→色阶【Ctrl+L】　调整→自动色阶【Ctrl+Shift+L】

调整→自动对比度【Ctrl+Shift+Alt+L】　调整→曲线【Ctrl+M】

调整→色彩平衡【Ctrl+B】　调整→色相/饱和度【Ctrl+U】

调整→去色【Ctrl+Shift+U】　调整→反向【Ctrl+I】

提取【Ctrl+Alt+X】　液化【Ctrl+Shift+X】

（4）图层

新建图层【Ctrl+Shift+N】　新建通过复制的图层【Ctrl+J】

与前一图层编组【Ctrl+G】　取消编组【Ctrl+Shift+G】

合并图层【Ctrl+E】　合并可见图层【Ctrl+Shift+E】

（5）选择

全选【Ctrl+A】　取消选择【Ctrl+D】

全部选择【Ctrl+Shift+D】　反选【Ctrl+Shift+I】

羽化【Ctrl+Alt+D】

（6）滤镜

上次滤镜操作【Ctrl+F】

（7）视图

校验颜色【Ctrl+Y】　色域警告【Ctrl+Shift+Y】

放大【Ctrl++】　缩小【Ctrl+-】

满画布显示【Ctrl+0】　实际像素【Ctrl+Alt+0】

显示附加【Ctrl+H】　显示网格【Ctrl+"】

显示标尺【Ctrl+R】　启用对齐【Ctrl+;】

锁定参考线【Ctrl+Alt+;】

（8）窗口

关闭全部【Ctrl+Shift+W】

（9）帮助

目录【F1】

（10）工具

矩形、椭圆选框工具【M】　裁剪工具【C】

移动工具【V】　套索、多边形套索、磁性套索【L】
魔棒工具【W】　喷枪工具【J】
画笔工具【B】　橡皮图章、图案图章【S】
历史记录画笔工具【Y】　橡皮擦工具【E】
铅笔、直线工具【N】　模糊、锐化、涂抹工具【R】
减淡、加深、海绵工具【O】　钢笔、自由钢笔、磁性钢笔【P】
添加锚点工具【+】　删除锚点工具【-】
直接选取工具【A】　文字、文字蒙版、直排文字、直排文字蒙版【T】
度量工具【U】　直线渐变、径向渐变、对称渐变、角度渐变、菱形渐变【G】
油漆桶工具【K】　吸管、颜色取样器【I】
抓手工具【H】　缩放工具【Z】
默认前景色和背景色【D】　切换前景色和背景色【X】
切换标准模式和快速蒙版模式【Q】
标准屏幕模式、带有菜单栏的全屏模式、全屏模式【F】
临时使用移动工具【Ctrl】　临时使用吸色工具【Alt】
临时使用抓手工具【空格】　打开工具选项面板【Enter】
快速输入工具选项（当前工具选项面板中至少有一个可调节数字）：【0】至【9】
循环选择画笔【[】或【]】　选择第一个画笔【Shift+[】
选择最后一个画笔【Shift+]】　建立新渐变（在“渐变编辑器”中）【Ctrl+N】

（11）菜单

①文件菜单。

新建图形文件【Ctrl+N】　用默认设置创建新文件【Ctrl+Alt+N】
打开已有的图像【Ctrl+O】　打开为...【Ctrl+Alt+O】
关闭当前图像【Ctrl+W】　保存当前图像【Ctrl+S】
另存为...【Ctrl+Shift+S】　存储副本【Ctrl+Alt+S】
页面设置【Ctrl+Shift+P】　打印【Ctrl+P】
打开“预置”对话框【Ctrl+K】
显示最后一次显示的“预置”对话框【Alt+Ctrl+K】
设置“常规”选项（在预置对话框中）【Ctrl+1】
设置“存储文件”（在预置对话框中）【Ctrl+2】
设置“显示和光标”（在预置对话框中）【Ctrl+3】
设置“透明区域与色域”（在预置对话框中）【Ctrl+4】
设置“单位与标尺”（在预置对话框中）【Ctrl+5】
设置“参考线与网格”（在预置对话框中）【Ctrl+6】
设置“增效工具与暂存盘”（在预置对话框中）【Ctrl+7】
设置“内存与图像高速缓存”（在预置对话框中）【Ctrl+8】

②编辑操作。

还原/重做前一步操作 【Ctrl+Z】

还原两步以上操作 【Ctrl+Alt+Z】

重做两步以上操作 【Ctrl+Shift+Z】

剪切选取的图像或路径 【Ctrl+X】或【F2】

拷贝选取的图像或路径 【Ctrl+C】

合并拷贝 【Ctrl+Shift+C】

将剪贴板的内容粘到当前图形中 【Ctrl+V】或【F4】

将剪贴板的内容粘到选框中 【Ctrl+Shift+V】

自由变换 【Ctrl+T】

应用自由变换（在自由变换模式下）【Enter】

从中心或对称点开始变换 （在自由变换模式下）【Alt】

限制（在自由变换模式下）【Shift】

扭曲（在自由变换模式下）【Ctrl】

取消变形（在自由变换模式下）【Esc】

自由变换复制的像素数据 【Ctrl+Shift+T】

再次变换复制的像素数据并建立一个副本 【Ctrl+Shift+Alt+T】

删除选框中的图案或选取的路径 【DEL】

用背景色填充所选区域或整个图层:【Ctrl+BackSpace】或【Ctrl+Del】

用前景色填充所选区域或整个图层:【Alt+BackSpace】或【Alt+Del】

弹出“填充”对话框 【Shift+BackSpace】

从历史记录中填充 【Alt+Ctrl+Backspace】

③图像调整。

调整色阶 【Ctrl+L】 自动调整色阶 【Ctrl+Shift+L】

打开曲线调整对话框 【Ctrl+M】

取消选择所选通道上的所有点（“曲线”对话框中）【Ctrl+D】

打开“色彩平衡”对话框 【Ctrl+B】

打开“色相/饱和度”对话框 【Ctrl+U】

全图调整（在“色相/饱和度”对话框中）【Ctrl+~】

只调整红色（在“色相/饱和度”对话框中）【Ctrl+1】

只调整黄色（在“色相/饱和度”对话框中）【Ctrl+2】

只调整绿色（在“色相/饱和度”对话框中）【Ctrl+3】

只调整青色（在“色相/饱和度”对话框中）【Ctrl+4】

只调整蓝色（在“色相/饱和度”对话框中）【Ctrl+5】

只调整洋红（在“色相/饱和度”对话框中）【Ctrl+6】

去色 【Ctrl+Shift+U】 反相 【Ctrl+I】

④图层操作。

从对话框新建一个图层 【Ctrl+Shift+N】

以默认选项建立一个新的图层 【Ctrl+Alt+Shift+N】

通过拷贝建立一个图层 【Ctrl+J】

通过剪切建立一个图层 【Ctrl+Shift+J】

与前一图层编组 【Ctrl+G】 取消编组 【Ctrl+Shift+G】

向下合并或合并连接图层 【Ctrl+E】 合并可见图层 【Ctrl+Shift+E】

盖印或盖印连接图层 【Ctrl+Alt+E】

盖印可见图层 【Ctrl+Alt+Shift+E】

将当前层下移一层 【Ctrl+[】 将当前层上移一层 【Ctrl+]】

将当前层移到最下面 【Ctrl+Shift+[】

将当前层移到最上面 【Ctrl+Shift+]】

激活下一个图层 【Alt+[】 激活上一个图层 【Alt+]】

激活底部图层 【Shift+Alt+[】 激活顶部图层 【Shift+Alt+]】

调整当前图层的透明度（当前工具为无数字参数的，如移动工具） 【0】至【9】

保留当前图层的透明区域（开关） 【/】

投影效果（在“效果”对话框中） 【Ctrl+1】

内阴影效果（在“效果”对话框中） 【Ctrl+2】

外发光效果（在“效果”对话框中） 【Ctrl+3】

内发光效果（在“效果”对话框中） 【Ctrl+4】

斜面和浮雕效果（在“效果”对话框中） 【Ctrl+5】

应用当前所选效果并使参数可调（在“效果”对话框中） 【A】

⑤图层混合模式。

循环选择混合模式 【Alt+-】或【Alt++】 正常 【Ctrl+Alt+N】

阈值（位图模式） 【Ctrl+Alt+L】 溶解 【Ctrl+Alt+I】

背后 【Ctrl+Alt+Q】 清除 【Ctrl+Alt+R】

正片叠底 【Ctrl+Alt+M】 屏幕 【Ctrl+Alt+S】

叠加 【Ctrl+Alt+O】 柔光 【Ctrl+Alt+F】

强光 【Ctrl+Alt+H】 颜色减淡 【Ctrl+Alt+D】

颜色加深 【Ctrl+Alt+B】 变暗 【Ctrl+Alt+K】

变亮 【Ctrl+Alt+G】 差值 【Ctrl+Alt+E】

排除 【Ctrl+Alt+X】 色相 【Ctrl+Alt+U】

饱和度 【Ctrl+Alt+T】 颜色 【Ctrl+Alt+C】

光度 【Ctrl+Alt+Y】 去色 海绵工具+【Ctrl+Alt+J】

加色 海绵工具+【Ctrl+Alt+A】

暗调 减淡/加深工具+【Ctrl+Alt+W】

中间调 减淡/加深工具+【Ctrl+Alt+V】

高光 减淡/加深工具+【Ctrl+Alt+Z】

⑥选择功能。

全部选取 【Ctrl+A】 取消选择 【Ctrl+D】

重新选择 【Ctrl+Shift+D】 羽化选择 【Ctrl+Alt+D】

反向选择 【Ctrl+Shift+I】 路径变选区【Enter】（数字键盘）

载入选区 按【Ctrl】键同时点击图层、路径、通道面板中的缩略图

⑦滤镜。

按上次的参数再做一次上次的滤镜 【Ctrl+F】

退去上次所做滤镜的效果 【Ctrl+Shift+F】

重复上次所做的滤镜（可调参数） 【Ctrl+Alt+F】

选择工具（在“3D变化”滤镜中） 【V】 立方体工具（在“3D变化”滤镜中） 【M】

球体工具（在“3D变化”滤镜中） 【N】 柱体工具（在“3D变化”滤镜中） 【C】

轨迹球（在“3D变化”滤镜中） 【R】 全景相机工具（在“3D变化”滤镜中） 【E】

⑧视图操作。

显示彩色通道 【Ctrl+~】 显示单色通道 【Ctrl+数字】

显示复合通道 【~】 以CMYK方式预览（开关） 【Ctrl+Y】

打开/关闭色域警告 【Ctrl+Shift+Y】 放大视图 【Ctrl++】

缩小视图 【Ctrl+-】 满画布显示 【Ctrl+0】

实际像素显示 【Ctrl+Alt+0】 向上卷动一屏 【PageUp】

向下卷动一屏 【PageDown】 向左卷动一屏 【Ctrl+PageUp】

向右卷动一屏 【Ctrl+PageDown】 向上卷动 10 个单位 【Shift+PageUp】

向下卷动 10 个单位 【Shift+PageDown】

向左卷动 10 个单位 【Shift+Ctrl+PageUp】

向右卷动 10 个单位 【Shift+Ctrl+PageDown】

将视图移到左上角 【Home】 将视图移到右下角 【End】

显示/隐藏选择区域 【Ctrl+H】 显示/隐藏路径 【Ctrl+Shift+H】

显示/隐藏标尺 【Ctrl+R】 显示/隐藏参考线 【Ctrl+;】

显示/隐藏网格 【Ctrl+”】 贴紧参考线 【Ctrl+Shift+;】

锁定参考线 【Ctrl+Alt+;】 贴紧网格 【Ctrl+Shift+”】

显示/隐藏“画笔”面板 【F5】 显示/隐藏“颜色”面板 【F6】

显示/隐藏“图层”面板 【F7】 显示/隐藏“信息”面板 【F8】

显示/隐藏“动作”面板 【F9】 显示/隐藏所有命令面板 【Tab】

显示或隐藏工具箱以外的所有调板 【Shift+Tab】

⑨文字处理（在“文字工具”对话框中）。

左对齐或顶对齐 【Ctrl+Shift+L】

中对齐 【Ctrl+Shift+C】　右对齐或底对齐 【Ctrl+Shift+R】

左/右选择 1 个字符 【Shift+←】/【Shift+→】

下/上选择 1 行 【Shift+↑】/【Shift+↓】　选择所有字符 【Ctrl+A】

将所选文本的文字大小减小 2 点像素 【Ctrl+Shift+<】

将所选文本的文字大小增大 2 点像素 【Ctrl+Shift+>】

将所选文本的文字大小减小 10 点像素 【Ctrl+Alt+Shift+<】

将所选文本的文字大小增大 10 点像素 【Ctrl+Alt+Shift+>】

将行距减小 2 点像素 【Alt+↓】　将行距增大 2 点像素 【Alt+↑】

将基线位移减小 2 点像素 【Shift+Alt+↓】

将基线位移增加 2 点像素 【Shift+Alt+↑】

将字距微调或字距调整减小 20/1000ems 【Alt+←】

将字距微调或字距调整增加 20/1000ems 【Alt+→】

将字距微调或字距调整减小 100/1000ems 【Ctrl+Alt+←】

将字距微调或字距调整增加 100/1000ems 【Ctrl+Alt+→】

选择通道中白的像素（包括半色调）【Ctrl+Alt+1】~【Ctrl+Alt+9】

任务四

Photoshop图片处理

教学目的和要求

（1）熟悉图片合成、美化原理。
（2）能熟练进行图像修改、合成、调整、修复、美化等操作。

教学重点

头像磨皮操作

教学难点

旧照片翻新

P91~100

4.1 图片美化（以头像磨皮为例）

4.1.1 双曲线磨皮

双曲线磨皮最核心的原理，就是利用提亮曲线与压暗曲线区域性地提亮与压暗画面中影调不均匀的皮肤区域。

首先要提及的是“观察器”的概念。“观察器”是一个新建组的名称，并不是一个专有名称，也可以根据自己的想法另外命名。建立一个空图层填充成黑色，把正常模式改变成柔光；复制相同的黑色图层，把模式再改成柔光，再复制一个柔光，建立一个组，命名为“观察器”。观察器是不影响最终图像画质，仅用于观察图像特点的工具。在图像上添加渐变映射、黑白与曲线调整图层，就可以形成简单的观察器。观察器的作用是最大限度凸现图像的特点，就算参数极端一点也没关系，不会影响最终画质，它凸现了画面人物皮肤不均匀的地方。磨皮观察器如图4-1所示。

图4-1

4.1.2 高低频法磨皮

这个方法将图像的形状和颜色分解成了高频、低频两个图层，不仅可单独调整，而且互不干扰。低频层可以用来调节图像的颜色、去除色斑，这些调节不会影响图片的细节；细节在高频层，这里的操作只改变细节，不改变颜色。使用得当，可以获得较满意的效果。此方法比较适宜处理难的图，一般的磨皮不用此方法，毕竟操作稍嫌麻烦。

进行频率分区操作，需要将原有图像复制两次。使用快捷键【Ctrl+J】两次就能快速复制。将中间图层重命名为低频图层，将上方图层重命名为高频图层。

4.1.3 高斯模糊磨皮

高斯模糊磨皮曾经被广泛应用于商业杂志中，其优点是简单易操作，缺点是磨皮效果看起来太过于“明显”。随着现在杂志打印分辨率的提高，这种磨皮方法的缺点也日益凸显，使用的人也越来越少。但是对于初学者而言，这种磨皮方法既简单效果又好，不失为一个好选择。

高斯模糊人像磨皮就是将人像脸部的皮肤模糊掉，能够去除脸部皮肤上的小斑点、细纹等皮肤杂质，从而使皮肤净化，看起来光滑细腻。

4.1.4 通道计算磨皮

该方法对于糖水照片、私房照片、高调摄影照片的效果都非常好。

通道计算磨皮主要是用计算、通道、曲线、模糊滤镜等来去斑。大致思路：先选择合适的通道并复制，然后用计算及滤镜把斑点处理明显，得到斑点的选区后再用曲线调亮就可以消除斑点。后期再用模糊滤镜，修复画笔等微调即可。

4.1.5 插件磨皮

网上各式各样磨皮插件层出不穷，其中也不乏柯达插件这样的精品之作，用插件磨皮最大的好处就是简单，任何人都能用它进行磨皮，磨皮的效果也大体令人满意，适合初学者使用。

4.1.6 中性灰磨皮

中性灰磨皮是非常精细的，操作的时候要认真观察脸部的每一个像素的皮肤，然后用画笔或加深、减淡工具调整明暗，消除瑕疵，恢复皮肤质感。至于后期，可以直接调色，也可以去色后重新上色。

操作方法跟双曲线一样，只是在观察组下面多了一个中性灰图层，这个图层就代替了双曲线，调亮及变暗的操作都是在这层完成。中性灰还有一个较大的特点就是需要重新调色，用色相/饱和度降低饱和度，然后再重新调肤色。这样的好处很多，可以消除皮肤中的一些杂色，使整体更加统一。

下面以中性灰磨皮为例进行讲解：

（1）原图与磨皮美化后的效果对比（图4-2）。

（2）打开原图复制图层，命名祛斑使用污点修复画笔工具（各种方法都可以）把脸部比较明显的斑点去掉（图4-3）。

（3）图层最上方新建组1，命名为“观察组”。在组内创建图层填充黑色图层模式改为“颜色”，复制一个图层改图层模式为“叠加”。如果图层叠加之后效果太黑可以降低叠加模式图层的不透明度，最后再用曲线增强对比度（图4-4）。

（4）在观察组下方祛斑层上方创建一个组，命名为“修饰组”，在组内新建图层，填充50%灰色图层模式改为柔光，设置画笔前景色为白色、柔边画笔，不透明度100%，流量设置为1%。放大画布，以每个像素为单位，轻擦中灰层中较暗淡部位，使其与周边过渡均匀。设置前景色为黑色，以单个像素为单位轻擦中灰色层中较明亮部位，同样使其与周边过渡均匀（图4-5）。

图4-2

图4-3

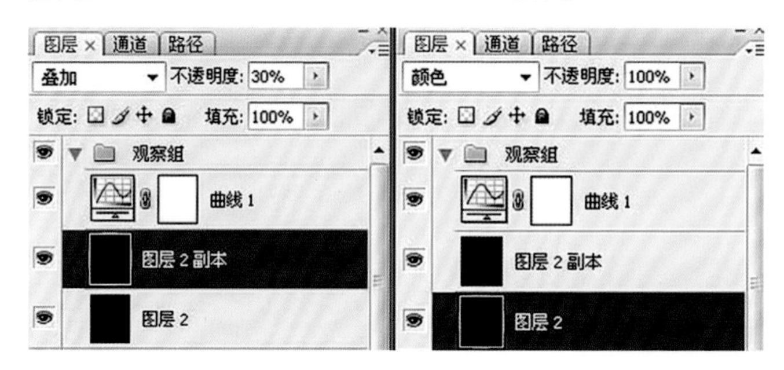

图4-4

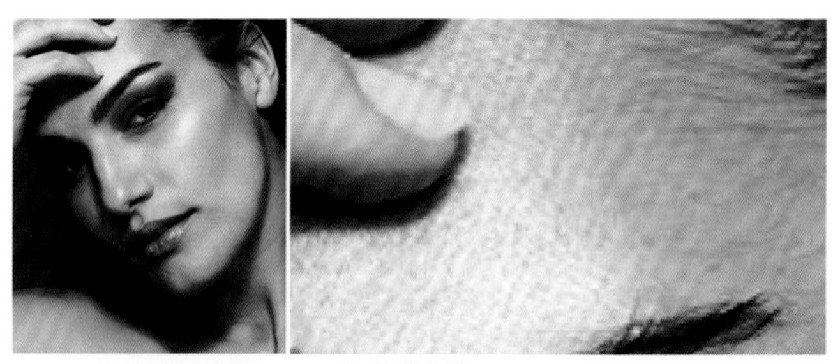

（a）磨皮前

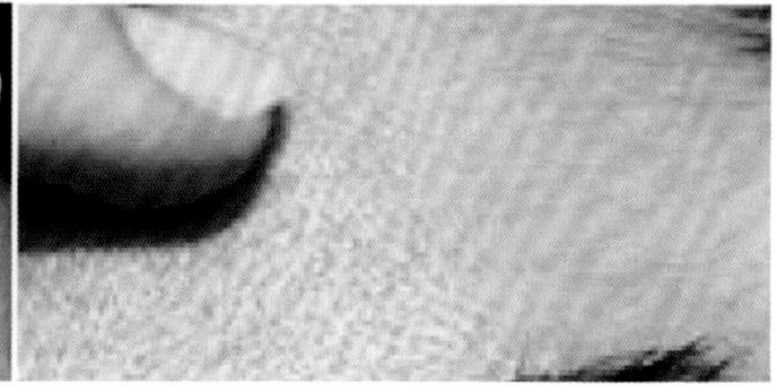

（b）磨皮后

图4- 5

（5）磨皮之后，把观察组的眼睛关闭。在中性灰图层上方创建色阶，数值如图4-6所示。这样做是为了增强脸部明暗。

（6）色阶之后用蒙板擦出脖子以及背景部分（图4-7）。

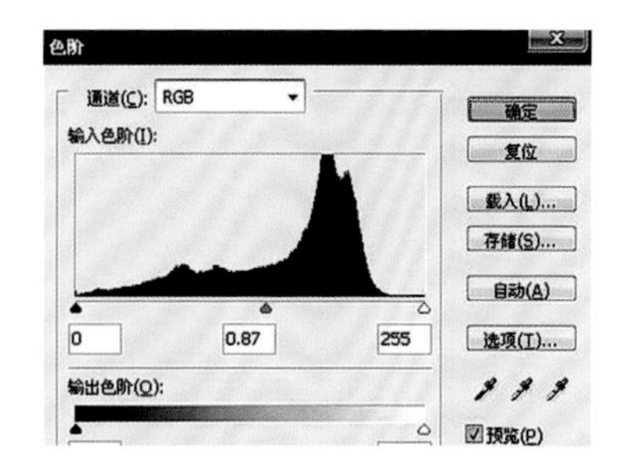

图4-6

图4-7

（7）创建色相饱和度，调整图层，降低饱和度（图4-8）。

图4-8

（8）创建照片滤镜，调整图层，选择颜色，色值为#f1cdab，浓度为100%（图4-9）。

（9）进行曲线调整，对整体进行提亮。

（10）创建可选颜色调整图层、数值（图4-10）。

图4-9　　图4-10

（11）按【Ctrl+Shift+Alt+E】组合键盖印图层，执行滤镜→其他→高反差保留命令，半径为0.3（图4-11）。

（12）图层模式改为线性光，再用蒙版擦除边缘（图4-12）。

（13）最终效果（图4-13）。

图 4-11　　图 4-12　　图 4-13

4.2 照片修复（以旧照片翻新为例）

4.2.1 旧照翻新步骤

（1）给照片去污，去痕，去色，补残缺，用到的工具主要有两个：图章工具和修补工具。

（2）给照片磨皮（磨皮参照上一个案例）。不磨皮颗粒太多，而且不利于均匀上色。磨皮后脸部轮廓模糊了，就要让他清晰点，这里主要用到了两个工具：加深和减淡工具。

（3）给照片上色。主要用到色彩平衡工具。

（4）局部性修饰。

①拉出发丝和眉毛，用细小的手指涂抹工具。

②清晰耳朵内部轮廓，用加深工具。

③清晰鼻孔和唇部轮廓，用加深工具。

④下巴轮廓，用加深工具。

⑤很重要的眼睛表现，还是用加深工具，勾出眼眶和眼珠清晰轮廓。不过为了提神，加了眼神光，用的是减淡工具；眼白用的是减淡工具。脸部光线，用的也是大像素低曝光度的加深减淡工具。

⑥至于衣服，用颜色画笔画出接近深绿色后，用加深工具加深阴影即可。领徽的原样已经不清楚，得慢慢修复，懒的话也可以从网上下载贴上去即可。全部完工后，运用滤镜高反差保留再稍微锐化一下就可以了。

4.2.2 旧照翻新案例

（1）原图与磨皮美化后的效果对比（图4-14）。

（2）用修补工具和图章工具去污，去痕，补残缺，以及去色（图4-15）。

（3）磨皮后（磨皮方法见上一个案例），用加深工具加深各处轮廓。在此步骤也可以用手指工具拉出额头上的发丝（图4-16）。

图4-14

图4-15

图4-16

（4）用色彩平衡加色相饱和度工具调皮肤色（图4-17）。

（5）为调出衣服颜色，可以用色彩平衡调色；也可以先建一个透明层，用颜色画笔涂抹上色（图4-18）。

（6）用加深工具对有线条和轮廓的局部适当加深，凸显立体感。用减淡工具，突出眼神光。每完成一个较大的步骤，在进行下一个步骤前，要多复制一个，万一操作闪失，还可以从上张图重来（图4-19）。

图4-17

图4-18

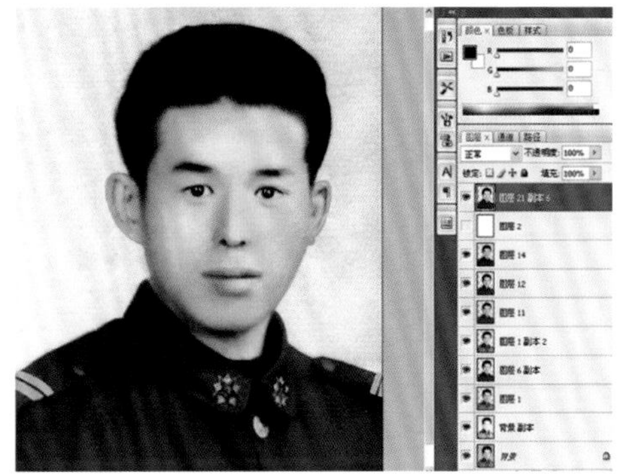

图4-19

（7）用手指涂抹工具拉头发丝和拉眉毛是一样的，要用细小的像素画笔，强度合适。在整个旧照翻新的过程中，手指涂抹工具在皮肤上一定要少用甚至不用，因为它能让皮肤纹理变得模糊没质感。手指工具主要的作用就是拉眉毛和头发丝（图4-20）。

（8）为增加皮肤质感，在完成后要适当给皮肤添加一些杂色，以求皮肤具有一定的质感。最终效果如图4-21所示。

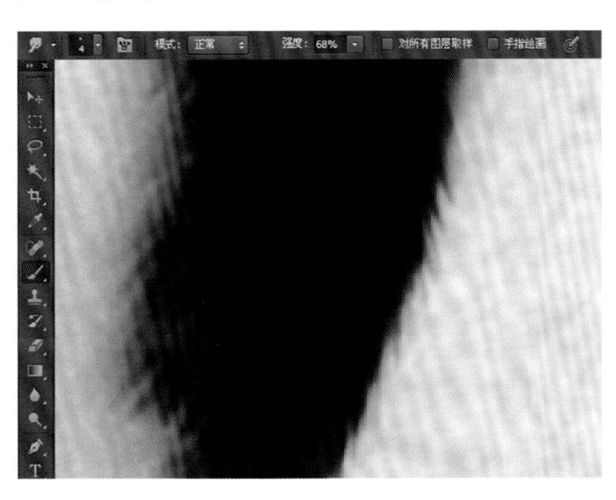

图4-20

图4-21

4.3

图片合成（以艺术曲线插画绘制为例）

将图4-22和图4-23艺术化地合并成一个图，将两图中没有联系的物品融合在一起，具体步骤如下。

图4-22　　图4-23

（1）新建一个大小适当的文档。找两张色彩张扬的图片拉进工作文档，放好位置（图4-24）。

（2）运用钢笔工具画曲线。选择钢笔工具（【P】），在工具属性栏勾选路径。从铅笔的一段画向水果的一段（图4-25）。

（3）把绘好的曲线描边，上颜色。选择笔刷工具（【B】），设置笔刷大小6 px，硬度为100%。新建一层，回到钢笔工具（【P】），单击右键，选择描边路径，不勾选模拟压力，得到的效果如图4-26所示。

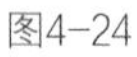

图4-24

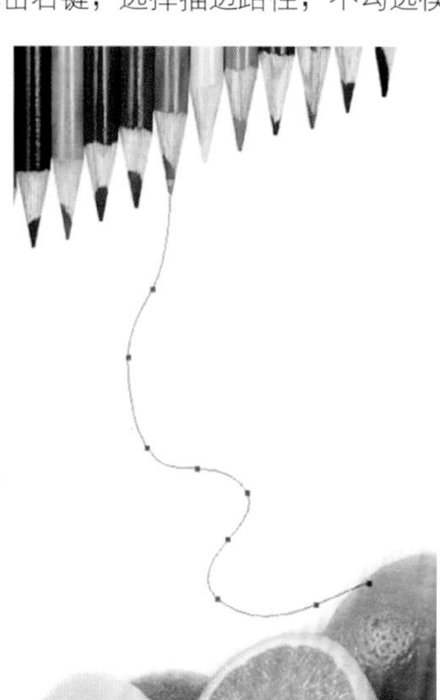

图4-25

图4-26

（4）给曲线增添一些细节，例如液滴效果（画好线条→涂抹工具（或变形工具）→笔刷工具画上小液滴）（图4-27）。

（5）给曲线上颜色，选择曲线图层，在图层上单击右键，执行“混合选项”→“渐变叠加”命令。注意在颜色的选取上可以使用吸管工具（【I】），在铅笔段选取一种颜色，在水果段选取一种颜色，这样做的效果可以使整体和谐、统一（图4-28）。

图4-27

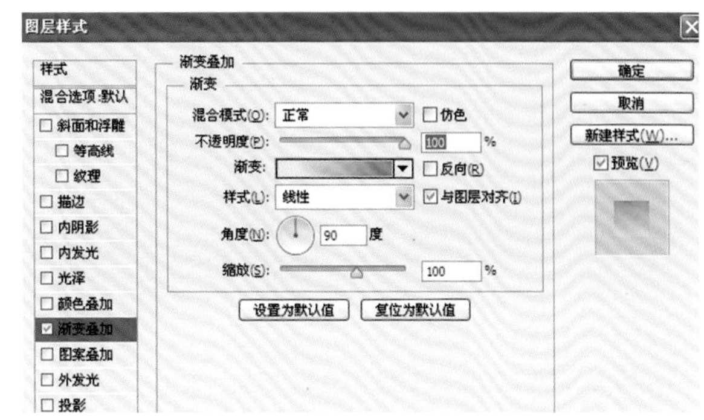

图4-28

（6）重复以上步骤，继续完成其他的线条，颜色、形状可以自由发挥（图4-29）。

（7）为了更美观，可以在曲线上添加琐碎的花纹上去。效果确实不错，没有花纹笔刷的可以去网上下载（图4-30）。

（8）接着完善其他细节（图4-31）。

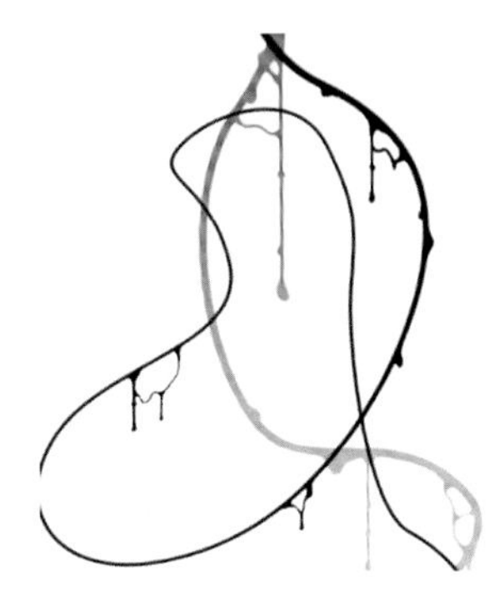

图4-29

图4-30

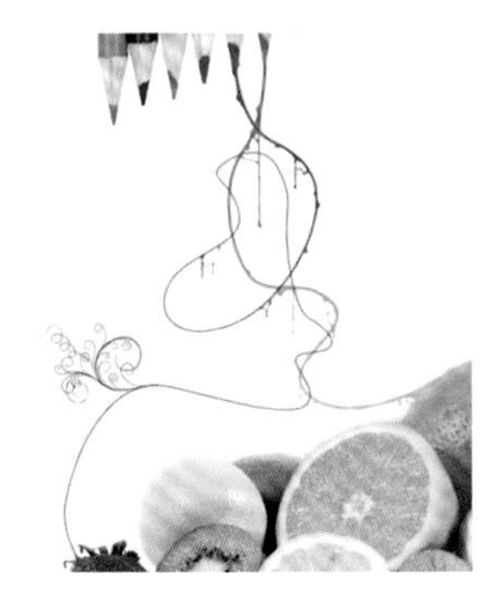

图4-31

（9）接着按自己的想法去做，步骤还是重复那些。大胆使用各种素材做（图4-32）。

（10）添加液滴，在铅笔段分别做不同颜色的液滴。液滴笔刷可以在网上下载（图4-33）。

（11）把黑色的液滴滴在黄色曲线上（图4-34）。

图 4-32

图 4-33

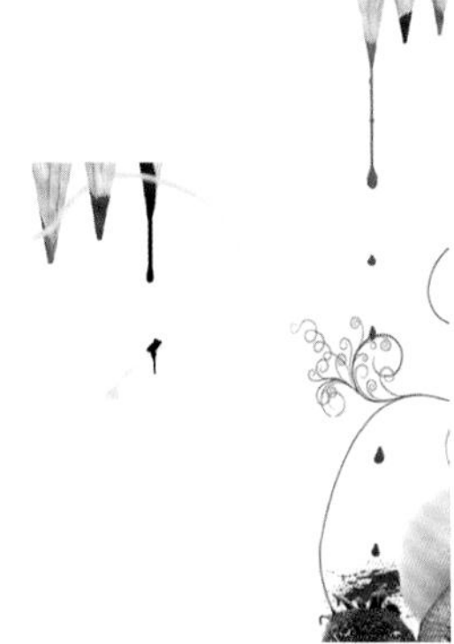

图 4-34

（12）在曲线末端，添加一些树枝的形状。树枝液滴笔刷可以去网上下载（图4-35）。

（13）最后添加背景纹理，背景素材可以在网上下载，添加进工作文档，改变混合模式→正片叠底→不透明度50%，完成最终效果（图4-36）。合成后，整个画面都是由一些自然的曲线构成，曲线都是经过绘制加工而成的，局部加上了一些液滴及花纹装饰。各种色调和弧度的曲线组合在一起，效果感觉非常流畅、完美。

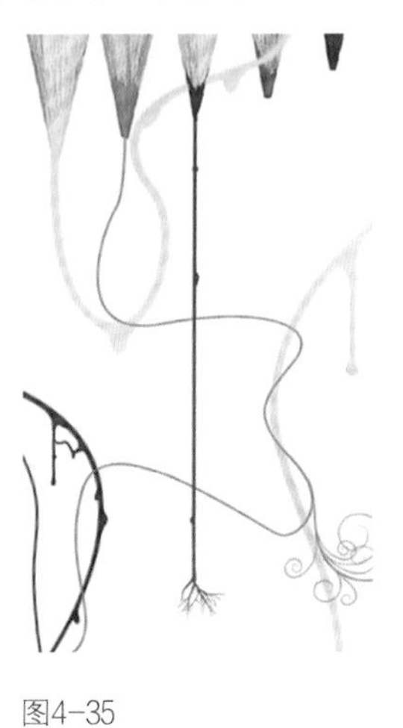
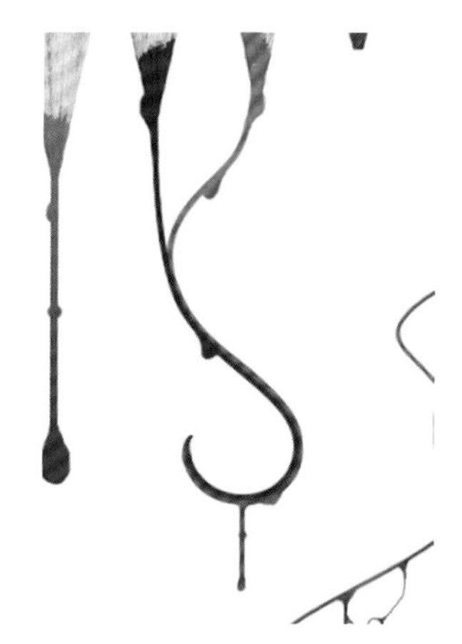

图4-35

图4-36

任务五

Photoshop效果图后期处理

教学目的和要求

（1）熟悉Photoshop中文字与图片排版方法。

（2）能熟练使用Photoshop绘制简单和略复杂的背景效果、图案、插图等。

（3）能进行图片合成、图层处理等。

（4）能按图片输出方式（打印、数码、印刷、喷绘写真等）进行色彩模式、分辨率等的设置。

教学重点

背景效果绘制和图片合成

教学难点

整体效果处理

P101~118

5.1 平面广告绘制（以房产广告宣传单页为例）

在Photoshop平面广告绘制中，一般先绘制背景效果，再合成图片，再输入文字，最后编排调整。

（1）首先建立一个16 cm×12 cm大小和300像素分辨率的文档，前景色设置为M=100，Y=100；填充背景。

（2）新建图层，用多边形套索工具画出下面的形状，然后用C=25，M=100，Y=100，K=25填充（图5-1）。

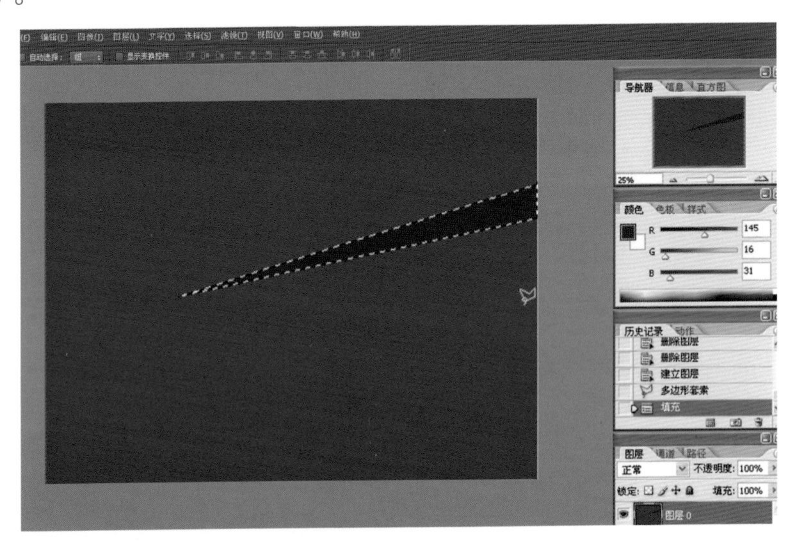

图5-1

（3）将三角形进行复制、旋转，效果如图5-2所示。

图5-2

（4）将三角形所有图层进行合并，再进行图层样式处理、设置（图5-3）。

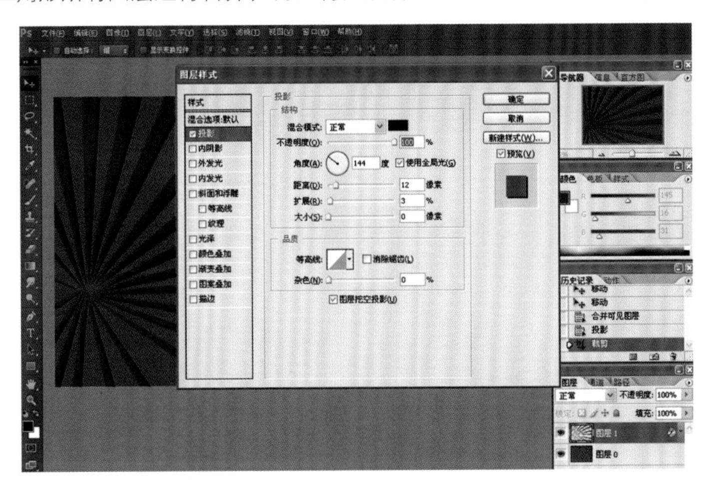

图5-3

（5）效果如图5-4所示。

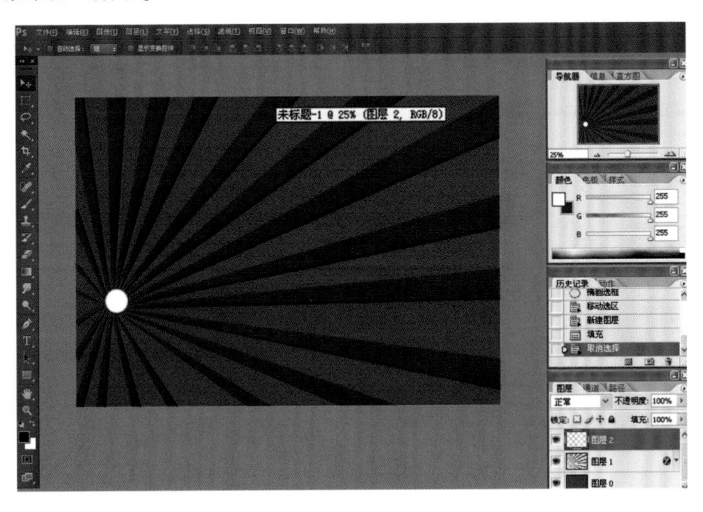

图5-4

（6）选择椭圆选框工具，按住【Shift】键在图像的适当位置作出一个正圆，并用白色填充。用路径工具在图中适当位置创建一个白色弧形，并设置描边图层样式（图5-5）。

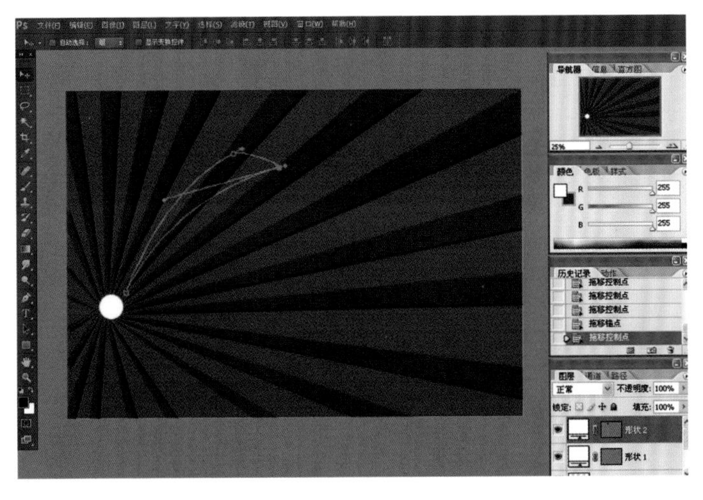

图5-5

（7）用同样的方法在白色弧形上建立另一个形状，颜色为：Y=100（图5-6）。

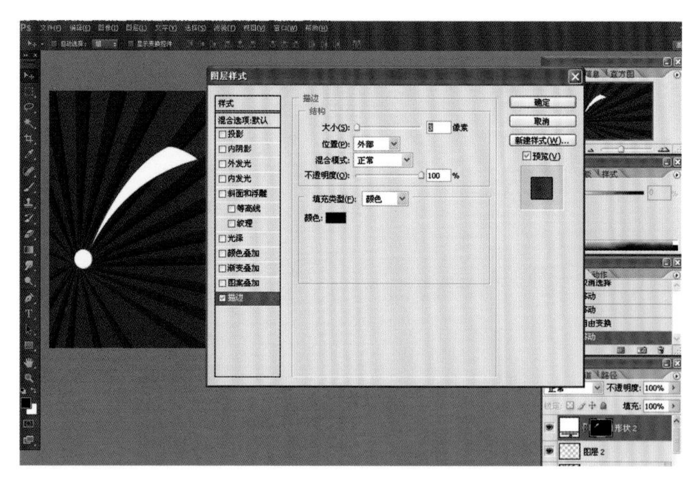

图5-6

（8）同样为其添加描边图层样式（图5-7）。

图5-7

（9）用以上方法分别建立另外两个形状，颜色分别为：M=80，Y=100，并为其添加描边图层样式（图5-8）。

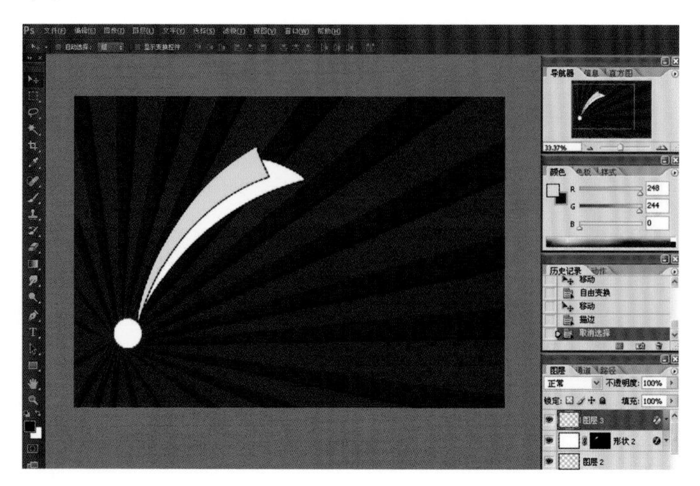

图5-8

（10）依次画四个弧形，填充不一样的颜色（图5-9）。

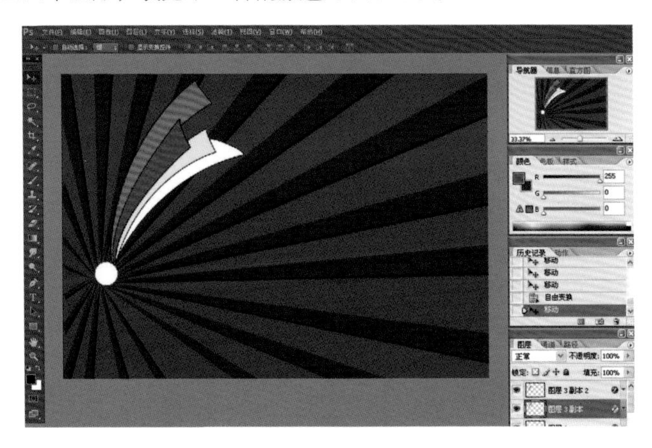

图5-9

（11）用路径工具在图像中作出一个五角星的形状，将其放到这四个边的中心点上，再设置描边图层样式（图5-10）。

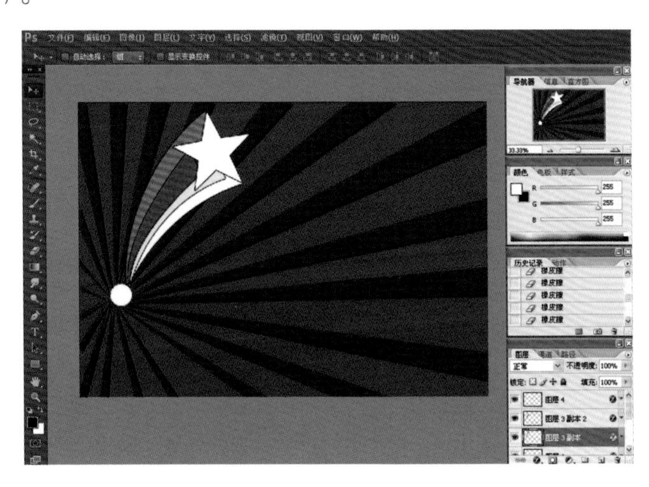

图5-10

（12）按【Ctrl+N】组合键，把五角星复制一份，然后用自由变换命令将其变小，颜色填充为：Y=100，M=25（图5-11）。

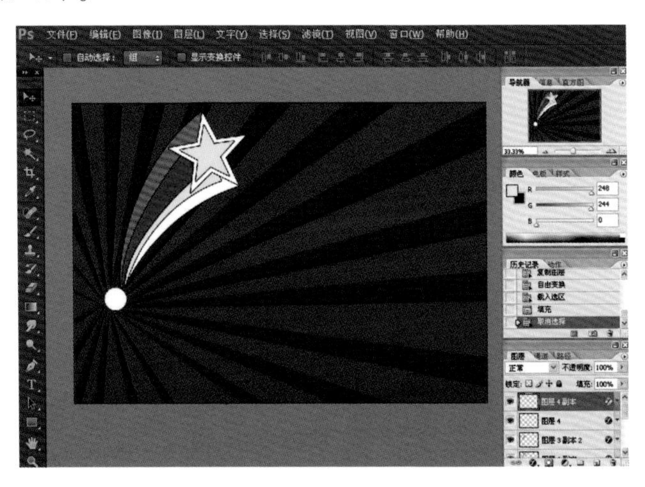

图5-11

（13）合并除五角星及弧形之间的所有图层，再把五角星及弧形多复制出几个放置在图中合适的位置，效果如图5-12所示。

图5-12

（14）打开房产楼盘照片，利用魔术棒选中背景（图5-13）。

图5-13

（15）反选，利用移动工具将楼盘图移至幸运星文件上（图5-14）。

图5-14

（16）新建文件，文件名为房产广告。宽21 cm，高29 cm。

（17）渐变填充，由红到黄（图5-15）。

图5-15

（18）将楼盘图和幸运星文件移至房产广告文件上（图5-16）。

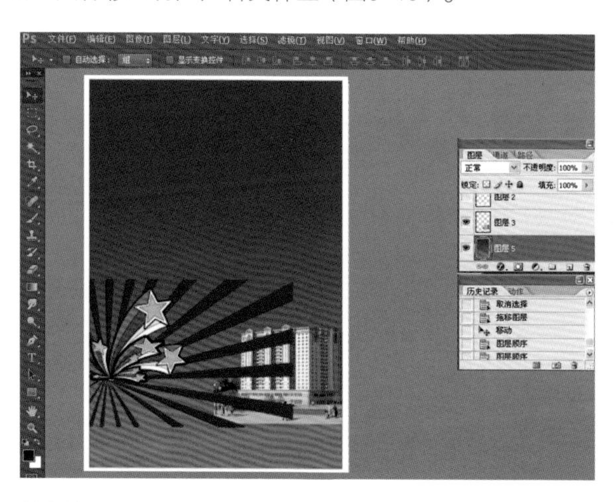

图5-16

（19）利用橡皮擦将幸运星周围进行虚化，效果如图5-17所示。

图5-17

（20）利用“色彩平衡”命令对楼盘图进行调整，使之与底色相近，再将楼盘图图层透明度调整为60%（图5-18）。

图5-18

（21）调整位置，输入文字（图5-19）。

（22）利用路径工具绘制图下面的曲线，填充白色，加插一些广告随文、地理位置图等，最终效果如图5-20所示。

图5-19

图5-20

5.2 插画绘制（以人物写实插画为例）

Photoshop绘制插画有三种方式：一是先利用数位板结合绘制大概形状轮廓；二是直接用鼠标绘制；三是铅笔绘制线描稿，再扫描后用PS编辑绘制。下面以第二种方式进行讲解。

绘制前最好找2～3种适合自己的笔刷。这里推荐的是PS自带笔刷：一款是“喷枪钢笔不透明描边”；一款是“大油彩蜡笔”，两者的差别是，一个圆头，一个平头，一个有圈状的锯齿，一个平滑，具体使用时看个人喜好。笔刷如图5-21所示。

插画绘制步骤如下。

（1）打稿。这次的打稿采用了色块模式，而不是先画线稿。这样做的目的主要是让自己练习如何用色块来造型。我们的世界是三维的，我们看到的线其实都是面的转折，我们可以遵循这个原理，用一个个的色块来表现错综复杂的块面，从而塑造人像（图5-22）。

图5-21

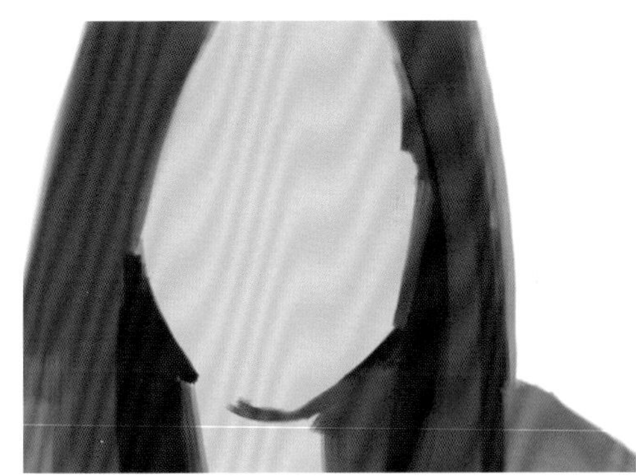

图5-22

（2）粗稿。这个步骤就像是在一块泥土的粗坯中打磨出人物脸部的基本结构。可以先不进入细节，先画大感觉（图5-23）。

（3）进入缓慢的精稿阶段。在这里，我们会用类似传统绘画的罩染方式，一点点地将对象的暗部画出来，对象的体积感就会逐渐浮现。也可以用PS的图层属性“正片叠底”，可以给原有的画面加深颜色，但又不会覆盖掉原先画好的线条，很适合我们的罩染环节（图5-24）。

图5-23

图5-24

（4）在画阴影的时候要时刻注意结构，因为大多阴影所处的位置、形状和大小都和该局部的结构紧密相关，如果画得不准，就容易显得别扭。这里我们主要在颧骨和眉弓的地方添加阴影，因为图是西方女孩，所以眉弓通常比亚洲女孩要突出些，眼窝也就更深些，另外，她浓浓的眼线也可以一起画出来（图5-25）。

（5）在阴影画得差不多的时候，我们可以新建一个图层，用羽化边缘的笔刷对原来凌乱的笔触进行覆盖，并且继续深入刻画结构。在绘画的大部分过程中都要不停地校对形体，不停地修改，使形体更加准确。这里用了羽化边缘的笔刷，主要是使女孩的脸部看上去更加圆润光滑。同时把她的鼻子和嘴刻画出来。她的鼻子非常挺，从正面看，有几个结构在表现上比较有难度，特别是鼻尖上的高光。在嘴部，她的嘴唇不是很厚，但有些翘，所以在嘴角等地方的处理上不仅要注意结构还要注意这些特点的表现（图5-26）。

（6）在这里，缩小了脸部和五官的大小，也调整了她的鼻子，在鼻孔的处理上，尽量不要用太深的颜色，特别是女性，可以选用一些纯度较高的颜色，例如粉色、桃红色等，这样既不会使鼻孔颜色看起来很脏，又会表现出鼻翼边缘受光照射后的微妙色彩（图5-27）。

图5-25

图5-26

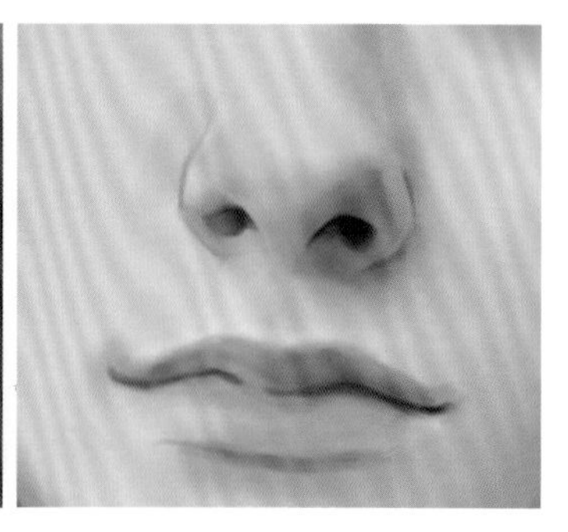

图5-27

（7）继续调整脸型，同时用羽化边缘的笔刷进行皮肤的罩染，这时我们可以把重心逐渐放到脖子、眉弓两侧、头发和脸交接等处的阴影，这样人物的脸就会慢慢突显出来（图5-28）。

（8）调整脸的角度和朝向，同时调整嘴角的阴影，另外我们还要注意她的眼神，在这时虽然还是处于罩染铺色的阶段，也要逐渐塑造出女孩的眼神（图5-29）。

（9）这时开始对脸部和眼睛等地方的冷色调进行铺设，可以注意到的是，之前都一直在用暖色系在打稿，所以画面难免会显得有些单调，需要加入些冷色对比。在她的眼睛上，加入一些蓝绿色进行润化，仍然注意眼睛里的光不要太亮，基本还是处于暗部（图5-30）。

图5-28

图5-29

图5-30

（10）继续深入刻画脸部的阴影，这次把重心放在眼睛周围，主要塑造的是眉弓部分的结构和上下眼皮的褶皱。当然，同时也要把深色的眼影一并画出来。在她右边的脸上，开始薄薄地涂上阴影来体现头发留在脸上的阴影（图5-31）。

（11）这时进入局部的细节刻画。再一次调整鼻子的角度和位置，用吸管吸取阴影周围的颜色，用羽化边缘的笔刷进行过渡的处理。然后，把眉毛的细节和睫毛都画出来。在嘴角处加上阴影，让嘴唇更有立体感（图5-32）。

图5-31

图5-32

（12）添上画面的背景，并给人物画上亮部。高光决定了局部的结构是否准确。在处理脸部大面积亮部的时候要注意，不要一味地提亮而改变了人物的固有肤色。通常在处理亮部皮肤的时候会吸取原来的皮肤固有色，稍加提亮，同时还要不停吸取周围的过渡色进行润化。为了体现脸边上的阴影，还要把脸部周围的头发一起提亮，在处理局部的同时还要关注画面的整体性（图5-33）。

（13）在这个作品里，希望能尽力做到细腻，如在女性光滑的脸部加一些皮肤的毛孔肌理。但不能把这些皮肤肌理处理得太实，可以找一些皮肤的肌理材质进行粘贴，也可以利用画笔的“双重画笔”功能，让带有肌理效果的笔刷来绘制。在新图层上画好肌理后，调整图层的不透明度，来达到我们想要的效果（图5-34）。

图5-33

图5-34

（14）现在已经能够感受到画面的逼真了，进入深度的细节刻画环节，可以放大画面进行局部的绘制。现在把重点放在五官，把眼睑处的细节刻画出来，给下眼帘处增加皮肤的纹理和颗粒感，让它看上去更接近于真实的皮肤质感。在鼻孔的颜色处理上加入一些鲜亮的桃色，不要让它看上去暗沉，给嘴唇加上高光。嘴唇的高光处理相对难度较高，因为嘴唇的高光不但体现嘴唇的结构也体现嘴唇的纹理，但是又不能让它看上去有干裂的感觉，所以在处理上需要很好地把握这个度（图5-35）。

（15）给眼睛添上高光，注意高光的位置通常能决定人的眼神，所以在点高光的时候要十分小心，并且多次校对后再落笔。然后给她的瞳孔画上细节，她的瞳孔呈偏绿的蓝色，色彩看上去很柔和，但因为处于暗部，所以不能画得太亮，再给她眼睛的周围点上些高光，让人感觉眼睛有些湿润，不会很生硬。同时再次校对嘴唇的结构和下唇线，然后给她画上一些亮的眉毛。脸部的刻画基本完成（图5-36）。

（16）接下来处理她的头发。脸边上的亮部头发能够拉开头发和脸的空间感，同时也能增加画面的逼真度。写实人物的头发不像卡通画里那样，可以概括成几片，在细节处，头发还是要细化到丝状。当然并不是说画写实的人物头发就要一根根画，我们可以先用大的笔触把头发的走向和层次画出来，只是在局部，用一些小笔触细化几根，这样既有细节又有整体，虚实结合（图5-37）。

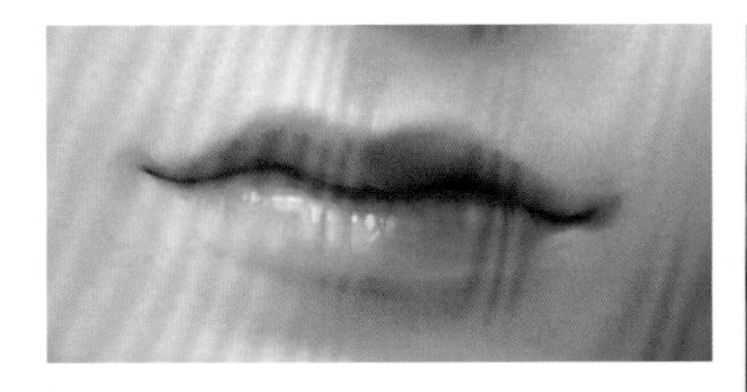

图5-35

图5-36

图5-37

（17）在各个局部都完成后，再次校对脸型及五官的位置，并对其进行调整。同时观察画面是否还有不太协调的地方（图5-38）。

（18）最终效果如图5-39所示。

图5-38

图5-39

5.3 室内效果图后期处理（以客厅效果图后期处理为例）

图5-40是一张3DMAX+VR绘制的室内效果图。纵观此图，不难看出以下瑕疵：画面偏灰，对比不强；天花顶偏灰；餐厅后部分空间显得灰暗，对比不强；室内空间装饰及陈设不够，空间氛围感不强。

具体处理方法如下。

（1）执行“图像”→“调整”→“亮度/对比度”命令，解决画面偏灰、对比不强问题（注意不要将亮度与对比度值设置得太大，否则影响材质及质感），如图5-41所示。

（2）利用“多边形套索”工具，选择天花，执行“调整”→“亮度/对比度”命令，解决天花顶偏灰的问题（图5-42）。

图5-40

图5-41

图5-42

（3）执行“图像”→“调整”→“色彩平衡”命令，使天花色彩与墙面色调统一（图5-43）。

（4）利用“套索”工具，选择餐厅空间，进行选区羽化（图5-44）。

（5）执行“调整”→“亮度/对比度”命令，解决餐厅后部分空间显得灰暗、对比不强问题；再次执行“调整”→“亮度/对比度”命令，使对比度更明显，层次感更强（图5-45）。

图5-43

图5-44

图5-45

（6）找一张绿化后期素材图片，利用“移动”命令将其放至效果图左下方，增加效果图画面生动性（图5-46）。

（7）找一张图片，利用“移动”命令将其放置在电视画面中，调整画面大小至与电视机画面大小合适，适当做一点透视编辑处理，使画面更有透视感（图5-47）。

（8）隐藏新电视机画面图层，利用“多边形套索”工具，选择电视机画面（图5-48）。

图5-46

图5-47

图5-48

（9）显示新电视机画面图层，执行“选择”→“反选”命令（图5-49）。

（10）按【Delete】键，清除新电视机画面以外图像，然后执行“取消选择”命令，最终效果如图5-50所示。

图5-49

图5-50

注意：效果图后期处理时还要考虑构图美观，根据构图反映的画面场景的深度和广度（空间宽广度）适当裁切画面。如要表现深度，就应使地面画面多一些，天花少一些。

5.4 建筑效果图后期处理（以小区建筑效果图后期处理为例）

图5-51是一张3DMAX+VR绘制的建筑效果图，需要对其进行天空背景、绿化、水体、光线阴影、行人场景等添加处理，使其更加丰富美观，符合建筑环境需要。

（1）在3Dsmax里绘制建筑外观结构图，渲染保存图像的时候选TGA图像（含通道）。这样在PS通道里就可以更好选择、抠图、换图（图5-52）。

图5-51

图5-52

（2）找一张天空图片素材作为背景，置于建筑图层后面（图5-53）。

图5-53

（3）找一张草坪素材图放至地面，由于有通道图，所以很好清除和遮挡不需要的地方（图5-54）。

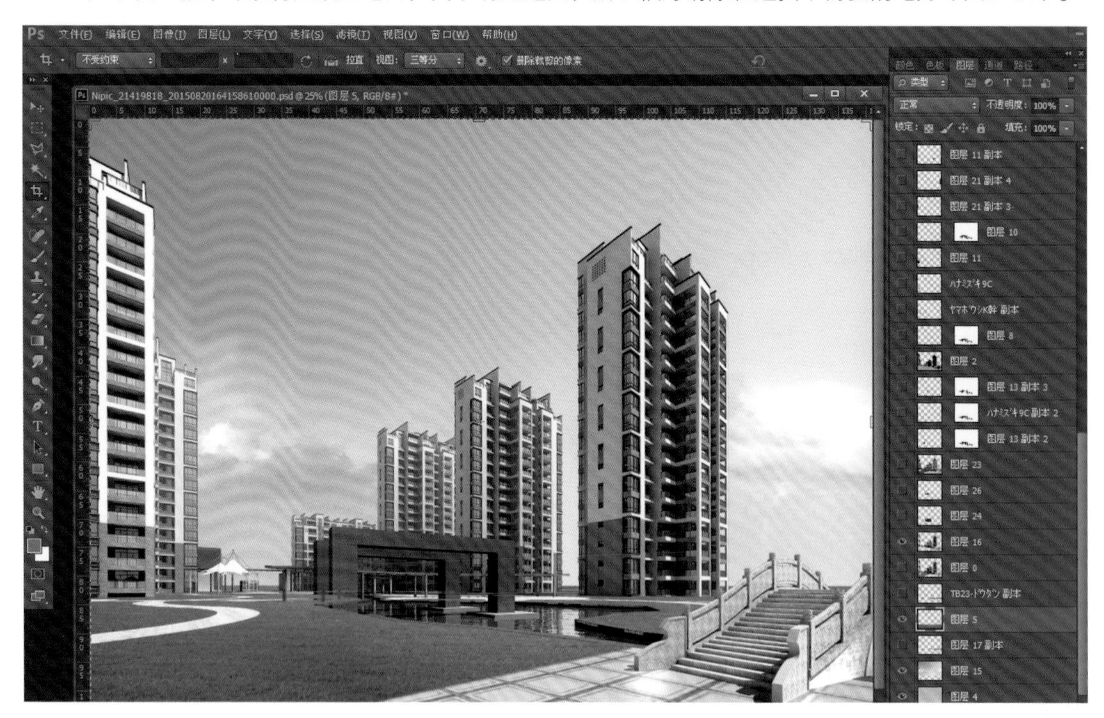

图5-54

（4）在建筑间隙、景观山坡、道路花坛等地面增加花坛植物（图5-55）。

图5-55

（5）在适当位置添加树木（落叶、阔叶），树木素材可以在网络下载（3D溜溜网等）。注意树木的光线影子的方向和大小，树木影子一般通过新建图层→复制树木→旋转→斜切等变化→图层透明度设置→橡皮擦透明度和流量减小后擦除（或减淡加深工具进行减淡加深）（图5-56）。

（6）适当添加陪衬辅助建筑（图5-57）。

图5-56

图5-57

（7）适当添加人流和景观建筑小品，注意人和建筑小品尺寸比例，参考附近的建筑体尺寸（图5-58）。

图5-58

（8）添加整体画面大场景（马路、建筑整体等）的光线阴影（利用减淡加深工具，注意保持阴影在同一个方向，细节处要仔细，适当调整工具大小和曝光度；也可以合并除天空外的所有图层→复制该图层→将复制的图层叠加→改变图层透明度→橡皮擦擦除调整或减淡加深工具调整）。最终效果如图5-59所示。

图5-59

注意：效果图后期制作七字经

素材平时多整理，不熟素材难作图。客户沟通第一步，构图大小很重要。

审视建筑定风格，定下色调找参考。先放天空调建筑，天空反复多斟酌。

建筑体块要明确，冷暖明暗对比强。前后关系分得开，从远到近虚到实。

玻璃质感要加强，铝板金属也一样。红色蒙板多使用，退晕变化很关键。

配景选取精度高，配景不抢主建筑，需要遮丑种棵树。近大远小透视对，近实远虚空气感。

配景主要人车树，小品也是一亮点，动物活跃图氛围。放人放物入调子，整体关系不能丢。